ドコモ/a

アイフォーン

iPhone
SE
第2世代
基本+活用ワザ

法林岳之・橋本 保・清水理史・白根雅彦 & できるシリーズ編集部

インプレス

新しい iPhone SE の
注目ポイント！

手軽なサイズと価格で人気の iPhone SE が第2代に進化しました。第1世代の iPhone SE と違って、どのような特徴があるのでしょうか？　まずは、新しい iPhone SE の魅力に迫ってみましょう。

使いやすく高性能なエントリーモデル

iPhone SE は「最新のスマートフォンを手軽に使いたい」という人向けに開発された iPhone シリーズのエントリーモデルです。

購入しやすい価格設定が魅力ですが、iPhone 8 シリーズと同じ手になじむサイズや、ホームボタンによるベーシックな操作性を目当てに選ぶ人もいる定番モデルです。

もちろん、中身は最新であるうえ、iPhone らしい存在感もあり、耐久性だけでなく、高級感にもこだわった美しいガラス仕上げも魅力です。

ボディは耐久力のあるガラス仕上げ
側面を航空宇宙産業でも使われるアルミニウムで、前面と背面を耐久性の高いガラスで仕上げています。見た目の美しさだけでなく、耐久性にも優れています。

安心のホームボタン搭載モデル
ホームボタンと Touch ID センサーを搭載し、アプリの購入やロック画面の解除などは、セキュリティの高い指紋認証で行なえます。

最新の CPU でバッテリーの持ちも向上

　iPhone SE は、エントリーモデルでありながら、その性能にも妥協がありません。CPU に iPhone 11 シリーズと同じ A13 Bionic を搭載したことで、高い処理性能を発揮でき、アプリやカメラの使い心地も快適です。それでありながら、バッテリー駆動時間も長く、一日中使える製品となっています。

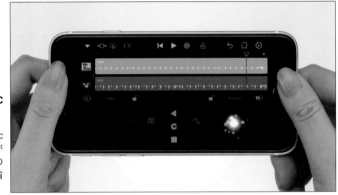

高性能な A13 Bionic チップ

CPUには高性能のA13 Bionicチップを採用。処理速度が向上しただけでなく、1回の充電で一日中使える高い省電力性能を実現しています。

写真も動画もきれいに仕上がるカメラ機能

　iPhone SE のカメラはシングルですが、A13 Bionic の画像処理技術を活用することで、誰でも美しい写真を撮影できるようになっています。背景をぼかして人物をきれいに撮影できるポートレートモードや照明効果を使えば、誰でも簡単に見栄えのいい写真を撮影できます。

　動画も 4K 60fps の撮影に対応し、誰でも美しい写真や動画を楽しめるうえ、フロントカメラも手ブレ補正が使えるため、テレワークのビデオ会議などでも活用できます。

人物をきれいに撮れるポートレートモード

顔を検出して背景のボケを演出するポートレートモード。［スタジオ照明］や［ステージ照明］などの照明効果を選んで撮影できます。

目次

第1章 iPhoneの基本を知ろう

—— iPhoneとは

—— 基本操作

—— 文字入力

アプリ別インデックス

本書に掲載されている情報について

・本書で紹介する操作はすべて、2020年6月現在の情報です。

・本書では、NTT ドコモ、au（KDDIまたは沖縄セルラー電話）またはソフトバンクと契約している、iOS 13.5.1が搭載された iPhone SE（第2世代）を前提に操作を再現しています。また「Windows 10」もしくは「macOS Catalina」がインストールされたパソコンで、インターネットに常時接続された環境を前提に画面を再現しています。

・本文中の価格は税抜表記を基本としています。

「できる」「できるシリーズ」は、株式会社インプレスの登録商標です。

本書に記載されている会社名、製品名、サービス名は、一般に各開発メーカーおよびサービス提供元の登録商標または商標です。なお、本文中には ™ および ® マークは明記していません。

本書をiPhoneに入れて持ち歩ける!!

電子版を手に入れよう!

本書を購入いただいた皆さまに、電子版を購入特典として提供します。ダウンロードにはCLUB Impressの会員登録が必要です（無料）。会員でない方は手順1から操作してください。

1 CLUB Impressの ログイン画面を表示する

▼商品情報ページ
https://book.impress.co.jp/
books/1120101023

❶上記のURLを参考に商品情報ページを**表示**

❷画面を下に**スクロール**

❸［特典を利用する］を**タップ**

2 CLUB Impressの会員登録の 画面を表示する

❶［会員登録する］を**タップ**

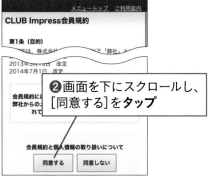

❷画面を下にスクロールし、［同意する］を**タップ**

次のページに続く━━▶

3 会員情報を登録する

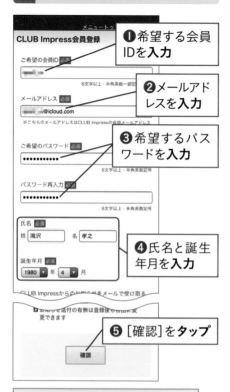

❶希望する会員IDを入力

❷メールアドレスを入力

❸希望するパスワードを入力

❹氏名と誕生年月を入力

❺[確認]をタップ

入力した会員情報が表示された

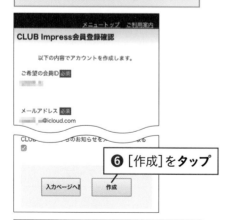

❻[作成]をタップ

❼登録したメールアドレスに届く会員登録確認のメールに表示されたURLをクリック

4 電子版をダウンロードする

❶前ページの手順1を参考に、ログイン画面を表示

❷会員IDとパスワードを入力

❸[ログインする]をタップ

❹[読者限定特典へすすむ]をタップ

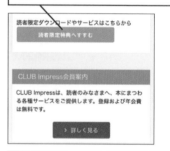

❺質問の回答を入力

❻[回答する]をタップ

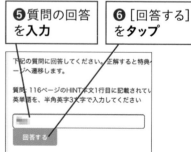

質問に正解すると[ダウンロードする]ボタンが表示されるのでタップし、ワザ047を参考にしてPDFを保存する

第1章

iPhoneの基本を知ろう

iPhone SEって何ができるの？

2020年4月に発売されたiPhone SE（第2世代）は、4.7インチディスプレイを搭載したコンパクトなiPhoneです。アプリや機能はiPhone 12シリーズなどと同じものが利用でき、インターネットやSNS、音楽や映像も楽しむことができます。

iPhone SEを使ってできること

●インターネット

Webページを閲覧したり、インターネット上で提供されるさまざまなサービスを利用したりできる

●アプリの活用

生活や仕事に便利なアプリをはじめ、ゲームや学習など、多彩なアプリを自由に追加して、活用できる

HINT　**ホームボタンに触れて、ロックを解除できるTouch ID**

iPhone SEはiPhone 8までと同じように、前面にホームボタンが備えられています。ホームボタンに内蔵された指紋認証センサー「Touch ID」にタッチするだけで、iPhoneのロックを解除することができます。

●カメラで写真やビデオを撮影

高性能なカメラで写真やビデオを撮影し、iPhoneで楽しんだり、友だちや家族と共有できる

●Apple Pay

クレジットカードやSuicaを登録しておくと、iPhoneをかざして、買い物をしたり、電車に乗ったりできる

従来のiPhoneとの違い

アップルは2016年3月から2018年9月まで、4インチディスプレイを搭載した「iPhone SE」（第1世代）を販売していました。今回、発売されたiPhone SE（第2世代）はそのネーミングを受け継ぎ、iPhone 8と同じサイズのボディに、最新のチップセット（CPU）などを搭載したモデルとなっています。

iPhone 8と同じコンパクトなサイズのボディだが、最新のCPUを搭載しているためアプリも快適に利用できる

HINT　防水に対応している？

iPhone SEはIP67規格対応の防沫、耐水、防塵性能を備えています。最大水深約1メートルの深さに、最大30分間、沈めても浸水しないように作られています。ただし、水に濡れたときは、乾いたタオルなどで水分を拭き取り、乾いた状態になってから使うようにしましょう。

1 基本
2 設定
3 電話
4 メール
5 ネット
6 アプリ
7 写真
8 便利
9 疑問

iPhoneとは

各部の名称と役割を知ろう

iPhone SE（第2世代）はiPhone 8などと同じデザインを採用しています。前面にディスプレイを搭載し、下側にホームボタン、側面に電源ボタンなど、前面の上や背面にカメラを備えています。各部の名称と役割を確認しましょう。

第1章 iPhoneの基本を知ろう

iPhone SEの前面／底面の各部の名称

❶前面側カメラ

「自分撮り」や「FaceTime」などで利用する

❷レシーバー／前面側マイク／スピーカー

通話時に相手の声が聞こえる。iPhoneを横向きに持ったときはステレオスピーカーになる

❸ホームボタン／ Touch IDセンサー

ホーム画面への移動、アプリの切り替えや終了、指紋認証で利用する

❹底面のマイク

通話や音声メッセージを記録するときに利用する

❺Lightningコネクタ

同梱のケーブル（Lightning – USBケーブル、またはUSB-C – Lightningケーブル）を接続して、充電やパソコンと同期するときに使う

❻スピーカー

着信音や効果音などが鳴る。スピーカーフォンのときには相手の声が聞こえる

iPhone SEの右側面／背面／左側面の各部の名称

❶サイドボタン（電源ボタン）

短く押すと、スリープによるロックと解除ができる。長押しで電源のオンとオフ、音量ボタンとの同時長押しで電源のオフと緊急SOSができる

❷SIMトレイ

SIMカードを装着する

❸背面側カメラ

写真やビデオの撮影で利用する

❹背面側マイク

❺フラッシュ

写真やビデオを撮影するときに光らせて、明るくする

❻音量ボタン

音量の大小を調整できる。［カメラ］の起動時に押すと、シャッターを切れる

❼着信／サイレントスイッチ

電話やメールの着信音のオン／オフを切り替えられる

HINT **iPhoneを充電しよう**

iPhoneは本体内蔵のバッテリーで動作します。パッケージに同梱のケーブル（Lightning - USBケーブル、またはUSB-C - Lightningケーブル）を市販のUSB電源アダプタに接続すると、充電できます。Qi（チー）という規格のワイヤレス充電にも対応し、市販のワイヤレス充電器に置いて、充電ができます。ケーブル接続時に比べ、充電の時間は長くなります。充電状態は画面右上のバッテリーのアイコンで確認できます。

Lightning - USBケーブルで充電できる

注意 2020年10月以降、電源アダプタは別売になりました

1 基本

2 設定

3 電話

4 メール

5 ネット

6 アプリ

7 写真

8 便利

9 疑問

Hardware

iPhoneの画面を表示するには

通常、iPhoneは電話やメールを受けられるように、電源を切らずにスリープ状態にしておきます。サイドボタンを押したり、本体を持ち上げると、画面が点灯してロック画面が表示され、ロックを解除すると、操作できるようになります。

第1章 iPhoneの基本を知ろう

スリープの解除

1 スリープを解除して、画面のロックを解除する

❶本体を**持ち上げる**

ホームボタンか、サイドボタン（電源ボタン）を押してもいい

ロック画面が表示された

❷ホームボタンを**押す**

操作画面が表示される

サイドボタンを押すと、スリープの状態に切り替わる

HINT スリープって何？

スリープはiPhoneを待機状態にすることです。電源を切ると、電話やメールが着信しなくなりますが、スリープの状態では電源を入れたまま、画面を消灯するので、電話やメールは着信します。

HINT パスコードを入力する画面が表示されたときは

パスコード（ワザ080）やTouch ID（ワザ081）が設定してあるときは、セキュリティ操作をすることで、ロックを解除します。

電源のオフ

1 電源をオフにする画面を
表示する

サイドボタンを
4〜5秒**押す**

2 電源をオフにする

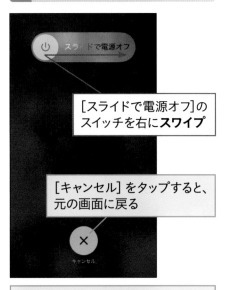

[スライドで電源オフ]の
スイッチを右に**スワイプ**

[キャンセル] をタップすると、
元の画面に戻る

電源を再びオンにするには、サイド
ボタンを2〜3秒押す

HINT 電源を切らなければならないときは注意しよう

iPhoneは基本的に電源を切る必要はありませんが、医療機関などでは電子
機器の電源をオフにするように求められることがあります。そのような場合
は指示に従い、このワザの手順で電源をオフにしましょう。また、その場を
離れたとき、忘れずに電源をオンにするようにしましょう。

HINT 音や光を消すだけなら電源を切らなくてもいい

劇場など、音を鳴らしてはいけない場所では、消音モード（ワザ026）やお
やすみモード（ワザ087）も利用できます。航空機の発着時など、無線通信
が禁止されているときは、コントロールセンター（ワザ010）で機内モードを
オンにすることで、無線通信機能だけをオフにできます。

1 基本
2 設定
3 電話
4 メール
5 ネット
6 アプリ
7 写真
8 便利
9 疑問

iOS

タッチの操作を覚えよう

iPhoneは画面に表示されるボタンやアイコンをタッチして操作します。タッチの方法には「タップ」や「スワイプ」などの種類があり、操作によって使い分けます。タッチの操作について、確認しておきましょう。

第1章 iPhoneの基本を知ろう

●タップ／ダブルタップ

画面の項目やアイコンを指先で軽くたたく

たたいた項目やアイコンに対応した画面が表示される

同じ場所を2回たたくと、ダブルタップになる

→

●ロングタッチ

画面の項目やアイコンを指で触れたままにする

メニューなどが表示される

→

●まめ知識　iOSのシェアが50％前後にもなる日本は世界的には珍しい国です。

●ドラッグ

画面の項目やアイコンを指で
押さえながら移動する

●スワイプ

画面を上下左右に、
はらうように触れる

画面の続きが
表示される

●ピンチ

2本の指で画面に触れたまま、
指を開いたり、閉じたりする

画面が拡大されたり、
縮小されたりする

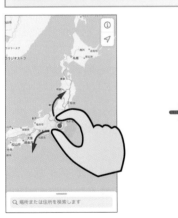

→

HINT 画面の端からスワイプしてみよう

画面の端からスワイプする操作には、機能が割り当てられていることがあります。たとえば、画面上から下にスワイプすると、通知センター（ワザ009）が表示され、画面下から上にスワイプすると、コントロールセンター（ワザ010）が表示されます。iPhone 12シリーズとは操作方法が異なるので、注意しましょう。

1 基本

2 設定

3 電話

4 メール

5 ネット

6 アプリ

7 写真

8 便利

9 疑問

基本操作

iPhoneの画面構成を確認しよう

iPhoneで電話やカメラなどの機能を使うときは、ホーム画面に表示されているアプリのアイコンをタップします。どのアプリを使っているときでもホームボタンを押すと、直前のホーム画面が表示されます。

第1章 iPhoneの基本を知ろう

ホーム画面の構成

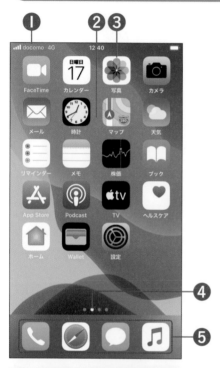

❶ステータスバー
時刻や電波の受信状態、バッテリーの残量などが表示される

❷ホーム画面
アイコンやフォルダが表示される。左右にスワイプすると、ページが切り替わる。下にスワイプすると、検索画面になる

❸アプリアイコン
iPhoneにはじめから用意されている機能やダウンロードしたアプリを表す

❹ページの位置
ホーム画面の数と位置が表示される

❺Dock
アプリアイコンやフォルダを常に画面の下部に表示できる

❻フォルダ
複数のアイコンをひとつのフォルダに整理できる（ワザ052）。初期状態では2枚目のホーム画面に［ユーティリティ］というフォルダが用意されている

ステータスバーと通知

iPhoneの画面の最上段には、常に「ステータスバー」が表示されています。ステータスバーには時刻や電波状態、バッテリー残量など、iPhoneの状態が示されます。ホーム画面だけでなく、アプリの利用中もステータスバーは表示されます。ホーム画面のアイコンに通知の数が表示されることもあります。

1
基本

2
設定

3
電話

4
メール

5
ネット

6
アプリ

7
写真

8
便利

9
疑問

❶ネットワークの接続状況など、そのときに応じたアイコンや通知が表示される。アプリから別のアプリに移動したときは、[○○○に戻る]という表示をタップして、以前のアプリに戻る

❷時刻やバッテリーなど、基本的には固定のアイコンが表示される

❸未読のメールやメッセージ、不在着信の件数などが数字付きのマーク（バッジ）で表示される

❹通話中や録音中にホーム画面を表示すると、ステータスバーに状態が表示される

●主なステータスアイコン

アイコン	情報の種類	意味
▚▚	電波（携帯電話）	棒の数で携帯電話の電波の強さを表す
✈	機内モード	機内モードが有効になっているときに表示される
📶	Wi-Fi（無線LAN）	Wi-Fiの接続中にバーの数で電波の強さを表す
16:43	時刻	本体に設定されている時刻が表示される
◀◀	位置情報サービス（オン/オフ）	位置情報サービスを使っているときに表示される
▭	バッテリー（レベル）	バッテリーの残量が表示される
▨	バッテリー（充電中）	バッテリーの充電中に表示される

ホーム画面を切り替えるには

ホーム画面を左右にスワイプすると、ページを切り替えることができます。たくさんのアプリをインストールしてアイコンが並ぶと、ホーム画面のページも増えていくので、この操作が必要になります。

第1章 iPhoneの基本を知ろう

1 ホーム画面を切り替える

画面を左に**スワイプ**

2 ホーム画面が切り替わった

画面を右にスワイプすると、元の画面に戻る

HINT いろいろな情報を検索するには

右の手順でキーワードを入力すると、iPhoneに保存されている連絡先やメモ、メールなどのデータのほか、インターネットのWebサイトやインターネット上の百科事典（Wikipedia）に掲載された情報を検索できます。

❶ホーム画面中央を下に**スワイプ**

❷検索したいキーワードを**入力**

基本操作

メモ

アプリを使うには

iPhoneには電話やメール、カメラなどの機能がアプリとして、搭載されています。ホーム画面にあるアプリのアイコンをタップすると、そのアプリが起動して画面に表示され、それぞれの機能を使えるようになります。

アプリの起動

1 起動するアプリの
アイコンを選択する

ここでは [メモ] を起動する

[メモ] を**タップ**

[メモ] の説明画面が表示されたときは、[続ける]、または [メモをアップグレード] をタップする

[iCloudをオン] の画面が表示されたときは、[今はしない] をタップする

2 アプリが起動した

[メモ] が起動した

HINT アプリを使い終わったら

アプリを使い終わったら、ホームボタンを押して、ホーム画面に戻るか、電源ボタンを短く押して、スリープに切り替えます。 [ミュージック] などは画面が表示されない状態でも音楽が再生されます。

次のページに続く——➡

1 基本

2 設定

3 電話

4 メール

5 ネット

6 アプリ

7 写真

8 便利

9 疑問

アプリの切り替え

1 切り替えるアプリを選択する

❶ホームボタン
を素早く**2回押す**

起動中のアプ
リが一覧表示
された

左右にスワイプすれば、
表示を切り替えられる

❷切り替えるアプリ
を**タップ**

ホームボタンを押すと、アプリの
切り替えを中止できる

2 アプリが切り替わった

切り替えたアプリが表示された

HINT アプリを完全に終了するには

アプリの切り替え画面では、右の
手順でアプリを強制終了させること
ができます。アプリが操作できなく
なるなど、正常に動作しなくなった
ときは、いったん強制終了してから
起動し直すことで、操作できるよう
になることがあります。

❶ホームボタンを素早く**2回押す**

❷アプリを上
に**スワイプ**

アプリが完全に終了する

iOS

ロック画面を使いこなすには

iPhoneがスリープの状態のとき、電源ボタンやホームボタンを押すと、画面が点灯し、「ロック画面」が表示されます。ロック画面でホームボタンを押すと、ロックが解除されて、ホーム画面が表示されます。

●ロック画面

●ウィジェットの画面

❶不在着信やメールなどの最新の通知が表示される。通知をスワイプすると、メニューが表示される

❷上にスワイプすると、より古い通知が表示される

❸右にスワイプすると、ウィジェットの画面が表示される

❹左にスワイプすると、[カメラ]が起動する

❺画面の下端から上にスワイプすると、コントロールセンターが表示される

❻キーワードを入力して、情報を検索できる

❼上下にスワイプすると、今日の天気や予定、よく使うアプリ、ニュースなど、さまざまな情報が表示される

基本操作

通知センターを表示するには

画面の上のステータスバーから下に向かってスワイプすると、「通知センター」という画面が表示されます。通知センターには各アプリの通知が新しい順に表示されます。通知をタップすると、各アプリが起動します。

通知センターの表示

1 通知センターを表示する

画面上端から
下に**スワイプ**

2 アプリの通知を確認する

通知をタップすると、通知元の
アプリが起動する

通知を右に**スワイプ**

画面を右にスワイプ
すると、ウィジェット
の画面が表示される

画面を左にスワイプすると、
[カメラ]が起動する

3 通知元のアプリが起動した

通知された内容が確認できる

1 基本

2 設定

3 電話

4 メール

5 ネット

6 アプリ

7 写真

8 便利

9 疑問

HINT 通知センターの表示内容は変更できる

通知センターの設定については、ワザ088で詳しく解説しています。[設定]の画面の[通知]-[通知スタイル]で各アプリをタップすると、そのアプリの通知をロック画面や通知センターに表示するかどうかを設定できます。

HINT 通知の内容を簡易的に表示できる

通知を左にスワイプして、[表示]をタップすると、通知内容を簡易的に表示できます。この簡易表示画面で、右上の … をタップすると、そのアプリからの通知を今後も表示するかどうかを設定できます。通知の設定はワザ088でも解説します。

HINT 通知は消去できる

通知センターに表示される通知は、それぞれのアプリを起動して、通知された内容を確認すると、表示されなくなります。また、右の手順のように操作して、通知を消去することができます。通知が届いたときに通知の履歴を表示しないように設定することもできます。詳しくはワザ088を参照してください。

通知を左にスワイプし、[消去]をタップする

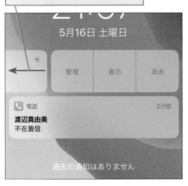

基本操作

コントロールセンターを
表示するには

画面下端から上にスワイプすると、「コントロールセンター」が表示されます。Wi-Fi（無線LAN）やBluetoothなどのよく使う設定を切り替えたり、［計算機］などのアプリをすばやく起動したりできます。

コントロールセンターの表示

1 コントロールセンターを
表示する

画面下端から上に**スワイプ**

2 コントロールセンターが
表示された

アイコンをタップすると、機能が
オンになり、色付きで表示される

下にスワイプする
と、コントロール
センターが閉じる

HINT **コントロールセンターはどの画面でも表示できる**

コントロールセンターはアプリを起動しているときやロック画面でも表示できます。［設定］の画面（ワザ016）の［コントロールセンター］から、ロック画面やアプリ起動中に表示できないように設定することもできます。

コントロールセンターの構成

●通信設定の詳細画面

❶機内モードやWi-Fiなどのオン／オフ
を切り替える。ロングタッチすると、右
の詳細画面を表示できる

❷再生中の曲を操作できる

❸上下にスワイプすると、画面の明
るさや音量を調整できる

❹画面縦向きのロック、おやすみモー
ドのオン／オフを切り替える

❺フラッシュライトやタイマーの機能
を利用できるほか、［計算機］や［カ
メラ]を起動できる

●各アイコンの機能

アイコン	名称	機能
✈	機内モード	機内モードのオン／オフを切り替えられる。オンにすると、iPhoneの電波がすべてオフになる
📶	Wi-Fi	Wi-Fi接続のオン／オフを切り替えられる
✳	Bluetooth	Bluetooth接続のオン／オフを切り替えられる
(ᵗᵖ)	モバイルデータ通信	モバイルデータ通信のオン／オフを切り替えられる
🌙	おやすみモード	おやすみモードのオン／オフを切り替えられる
🔒	画面縦向きのロック	オンにすると、画面が本体の向きに合わせて回転しなくなる。横になってiPhoneを使うときなどに設定する
🔦	フラッシュライト	オンにすると、背面のフラッシュを点灯させて、懐中電灯として使える
📺	画面ミラーリング	Apple TVなど、iPhoneの画面を映し出せる機器を使うことができる
▦	QRコード	2次元バーコード（QRコード）を読み取るアプリが起動する。［カメラ]のアプリでも読み取れる

1 基本

2 設定

3 電話

4 メール

5 ネット

6 アプリ

7 写真

8 便利

9 疑問

基本操作

よく使う機能を呼び出すには

ホーム画面の最初のページを右にスワイプすると、ウィジェットの画面が表示され、さまざまな最新情報を一度に確認できます。［検索］にキーワードを入力して、iPhone内の情報やインターネットの検索もできます。

第1章 iPhoneの基本を知ろう

1 ウィジェットの画面を表示する

画面を右に**スワイプ**

2 ウィジェットの画面が表示された

キーワードを入力して検索できる

次の予定や天気などが表示される

HINT ウィジェットは追加や変更ができる

ウィジェットは各アプリの新着情報などを表示するものです。手順2の画面の［編集］をタップすると、追加や削除、表示順の変更ができます。ウィジェットはロック画面を右スワイプしても表示されるので、次の予定などが人に見られると困る場合は非表示にしましょう。

012

文字入力

キーボードを切り替えるには

メモ

iPhoneでは文字入力が可能になると、自動的に画面にキーボードが表示され、タッチで文字を入力できます。何種類かのキーボードが用意されていて、入力する文字の種類や用途、好みに応じて、切り替えながら使えます。

1 キーボードを切り替える

ワザ007を参考に、[メモ]を起動し、右下の ✐ をタップして、新しいメモを作成しておく

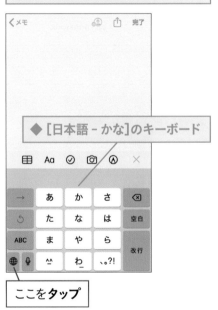

◆ [日本語 – かな]のキーボード

ここを**タップ**

2 キーボードが切り替わった

◆ [英語]のキーボード

ここを**タップ**

◆ [絵文字]のキーボード

ここをタップすると、[日本語 – かな]のキーボードに切り替わる

HINT ## キーボードを一覧からすばやく切り替えられる

キーボードの🌐をロングタッチすると、キーボードが一覧で表示されるので、切り替えたいキーボードを選びます。🌐をくり返しタップする必要がなく、直接、使いたいキーボードを選ぶことができて便利なので、覚えておきましょう。

1 基本
2 設定
3 電話
4 メール
5 ネット
6 アプリ
7 写真
8 便利
9 疑問

013 文字入力

アルファベットを入力するには

メモ

メールアドレスや英単語など、アルファベット（英字）を入力するときは、パソコンと似た配列の［英語］キーボードが便利です。Webページのアドレス入力時などは、キー配列の一部が変わることがあります。

第1章 iPhoneの基本を知ろう

1 小文字の「i」を入力する

キーボードを［英語］に切り替えておく

❶Shiftキーを**タップ**

Shiftキーがオフになった

❷［i］を**タップ**

2 大文字の「P」を入力する

続けて、大文字の「P」を入力する

❶Shiftキーを**タップ**

Shiftキーがオンになった

❷［P］を**タップ**

HINT 大文字だけを続けて入力できる

大文字を続けて入力したいときは、Shiftキー（⇧）をダブルタップします。📢が反転表示されている間は、常に大文字で入力できます。元に戻すには、もう一度、Shiftキー（📢）をタップします。

Shiftキーをダブルタップして、反転表示にする

まめ知識　［123］キーをスワイプすると、キーボードを切り替えずに数字や記号を入力できます。

3 残りの文字を入力する

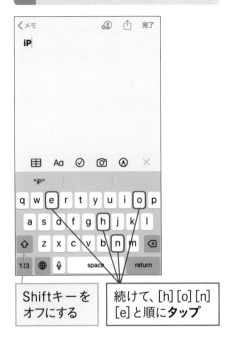

Shiftキーを
オフにする

続けて、[h] [o] [n]
[e]と順に**タップ**

4 小文字と大文字を入力できた

「iPhone」と入力できた

入力を間違えたときは、ここを
タップして、文字を削除する

HINT 数字や記号も入力できる

数字や記号を入力したいときは、表示された［英語］キーボードで、123 と
表示されたキーをタップします。切り替え後、#+= をタップすると、さらに
ほかの記号を入力できます。ABC をタップすると、元のアルファベットのキー
ボードが表示されます。

123 ― ［123］を**タップ**

数字を入力できるようになった

#+= ― ［#+=］を**タップ**

記号を入力できるようになった

1 基本
2 設定
3 電話
4 メール
5 ネット
6 アプリ
7 写真
8 便利
9 疑問

文字入力

日本語を入力するには

日本語を入力するときは、携帯電話のダイヤルボタンと似た配列の［日本語 - かな］のキーボードを使います。ひらがなを入力すると、漢字やカタカナなどの変換候補が表示されるので、それをタップすると、入力できます。

第1章　iPhoneの基本を知ろう

1 「あ」と入力する

ここでは「アップル」と入力する

［あ］を**タップ**

キーボードを切り替えるには、ここをタップする

2 「っ」と入力する

「あ」と入力できた

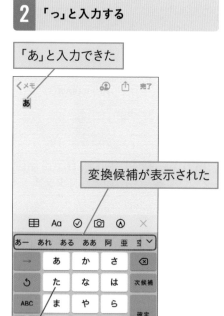

変換候補が表示された

❶ ［た］を3回 **タップ**

❷ ［小］を **タップ**

HINT 予測変換も利用できる

文字を入力していると、手順2の画面のように、通常の変換候補に加え、入力された文字から予測された変換候補も表示されます。過去に入力した単語を学習し、変換候補として表示する機能もあります。

1 基本

2 設定

3 電話

4 メール

5 ネット

6 アプリ

7 写真

8 便利

9 疑問

3 残りの文字を入力する

「っ」と入力できた

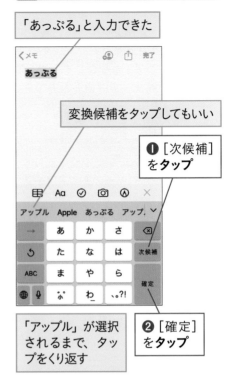

❶ [は] を3回 **タップ**

❷ [小] を2回 **タップ**

❸ [ら] を3回 **タップ**

4 カタカナに変換する

「あっぷる」と入力できた

変換候補をタップしてもいい

❶ [次候補] を**タップ**

「アップル」が選択 されるまで、タッ プをくり返す

❷ [確定] を**タップ**

5 日本語を入力できた

「アップル」の変換が確定した

HINT [日本語 – かな]で数字 や記号を入力するには

数字や記号を入力したいときは、
ABC をタップします。[日本語 –
かな]のときは、一度タップする
と、英字や記号を入力できる画
面に切り替わり、続けてもう一度、
☆123 をタップすると、数字が入力
できます。

次のページに続く―→

HINT ［日本語 - かな］のキーボードですばやく入力できる

［日本語 - かな］のキーボードでは、文字に指をあて、そのまま指を上下左右にスワイプさせることで、その方向に応じた文字を入力できます。これを「フリック入力」と呼びます。少し慣れる必要がありますが、キーをタップする回数が減り、すばやく入力できるようになります。

キーの上で指を滑らすように動かす

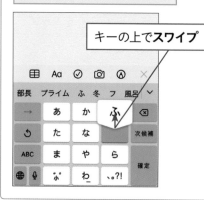

キーの上で**スワイプ**

●文字の割り当ての例

［あ］には左、上、右、下の順に「い」「う」「え」「お」の文字が割り当てられている

HINT フリック入力専用の設定に切り替えできる

フリック入力に慣れてきたら、フリック入力専用の設定に切り替えることができます。［設定］の画面の［一般］-［キーボード］-［キーボード］で［フリックのみ］をオンにすると、キーをくり返しタップして文字を切り替えながら入力する方法が使えなくなり、フリック入力のみになります。たとえば、「あおい」など同じ行のひらがな、「すず」など清音と濁音が混じった単語を入力するとき、1文字ごとに→をタップする必要がなくなります。

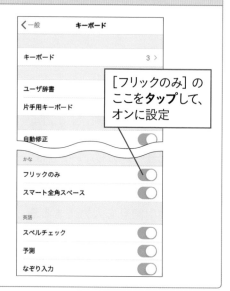

［フリックのみ］のここを**タップ**して、オンに設定

●まめ知識 ［時計］のアイコンの赤い秒針は、リアルタイムに秒を刻んで動いています。

015

文章を編集するには

メモ

入力した文字に間違いがあったときは、このワザの手順で修正できます。入力済みの文字列をコピーし、別の場所にペーストすることもできます。効率良く文字を入力するために、これらの方法を覚えておきましょう。

文字の編集

1 文字を削除する

ここでは「東口」を削除して、「西口」と入力する

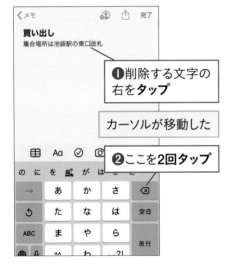

❶削除する文字の右を**タップ**

カーソルが移動した

❷ここを2回タップ

2 文字を入力する

文字が削除された

「西口」と**入力**

HINT 操作を間違ったときは簡単な操作で取り消せる

文字を編集中、間違って文字列を消してしまったときなどは、画面を指3本でダブルタップ、あるいは指3本で左にスワイプすることで、直前の操作を取り消すことができます。取り消した操作は、指3本で右にスワイプすることでやり直すことができます。

次のページに続く⟶

---

1 基本
2 設定
3 電話
4 メール
5 ネット
6 アプリ
7 写真
8 便利
9 疑問

文字のコピーとペースト

1 文字をコピーする

❶コピーする文字の前を**ロングタッチ**

❷［選択］を**タップ**

❸［コピー］を**タップ**

ここを左右にドラッグすると、コピーする文字の範囲を選択し直せる

2 文字をペーストする

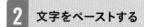

❶文字を挿入する場所を**ロングタッチ**

❷「ペースト」を**タップ**

文字列がペーストされた

HINT　カーソル位置や選択範囲を微調整しよう

文字を入力するカーソル位置を細かく移動するには、カーソルをドラッグします。ドラッグ中は指よりも少し上にカーソルが大きく表示され、カーソルの位置を調整しやすくなります。コピーやカットする文字列を調整するときは、選択範囲の前後のカーソルをドラッグします。文字列を選択するときは、ダブルタップすると単語単位で、3回タップで文章単位で、4回タップで段落単位で選択することもできます。

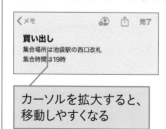

カーソルを拡大すると、移動しやすくなる

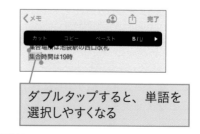

ダブルタップすると、単語を選択しやすくなる

　●まめ知識　昔のアップルのロゴマークは虹色でした。

第2章

iPhoneを使えるように
しよう

016

設定

Wi-Fi（無線LAN）を設定するには

iPhoneはWi-Fi（無線LAN）でもインターネットに接続できます。Wi-Fi経由の接続なら、各携帯電話会社の料金プランのデータ通信量の対象外なので、安心して大容量のアプリや動画をダウンロードできます。

第2章 iPhoneを使えるようにしよう

設定画面の表示

1 [設定]の画面を表示する

ホーム画面を表示しておく

[設定]を**タップ**

2 [設定]の画面が表示された

iPhoneのさまざまな機能はここから設定する

設定

iPhoneにサインイン
iCloud、App Storeおよびその他を設定。

✈️ 機内モード		⚪
🛜 Wi-Fi	オフ	›
⁎ Bluetooth	オン	›
⁽ᐧᐧ⁾ モバイル通信		›
⊚ インターネット共有	オフ	›
📬 通知		›
🔊 サウンドと触覚		›
🌙 おやすみモード		›
⏳ スクリーンタイム		›

HINT iPhoneの基本設定は［設定］の画面から

Apple IDだけでなく、画面の明るさやセキュリティなど、iPhoneの基本機能は、［設定］の画面で設定します。誤った設定をすると、iPhoneが正しく動作しなくなることがあるので、不必要な設定変更は控えましょう。

●まめ知識 iPhoneを横向きに持つと、通話用のスピーカーを使って、ステレオ再生ができます。

Wi-Fi（無線LAN）の設定

1 無線LANアクセスポイントの情報を確認する

◆無線LANアクセスポイント
アクセスポイントや無線LANルーターとも呼ばれる

Wi-Fiの接続に必要な情報は、無線LANアクセスポイントの側面や底面に記載されている

SSID	Dekiru_net
暗号化キー	XXXXXXXXXXXXX

アクセスポイントの名前（SSID）とパスワード（暗号化キー）を**確認**

2 ［Wi-Fi］の画面を表示する

前ページを参考に、［設定］の画面を表示しておく

ここを**タップ**

1 基本

2 設定

3 電話

4 メール

5 ネット

6 アプリ

7 写真

8 便利

9 疑問

HINT Wi-Fi（無線LAN）の接続情報を調べるには

Wi-Fi（無線LAN）に接続するには、その無線LANアクセスポイントの名前（SSID）やパスワード（暗号化キー）が必要です。会社などの無線LANについては、社内のシステム担当者に問い合わせましょう。ワザ022で解説する公衆無線LANサービスの設定は、提供会社のWebページなどで確認できます。

HINT QRコードで簡単に接続できる製品もある

無線LANアクセスポイントにはパスワードなどといっしょに、設定用のQRコードが記載されていることがあります。その場合、カメラアプリ（ワザ062）をそのQRコードに向け、表示された［ネットワーク"○△□"に接続］をタップして［接続］を選択すると、接続設定が完了します。購入後に暗号化キーを変更したときは、手動で設定する必要があります。

次のページに続く→

3 [Wi-Fi]の画面が表示された

[Wi-Fi]のここを**タップ**して、オンに設定

4 周囲にある無線LANアクセスポイントの一覧が表示された

利用するアクセスポイントを**タップ**

HINT Wi-Fi（無線LAN）をすばやく切り替えるには

Wi-Fi（無線LAN）のオン／オフは、コントロールセンター（ワザ010）でも切り替えることができます。ただし、コントロールセンターでWi-Fiをオフにしても無線LANアクセスポイントとの接続が切断されるだけで、一部の機能はWi-Fiによる通信を行ないます。完全にWi-Fiを使った通信をオフにしたいときは、このワザの手順3の画面で[Wi-Fi]をオフにするか、コントロールセンターで[機内モード]（✈）をオンにしましょう。

ここをタップして、Wi-Fi（無線LAN）のオン／オフを切り替えられる

●まめ知識 2008年7月、日本で初めてのiPhoneとなるiPhone 3Gが発売されました。

5 パスワード（暗号化キー）を入力する

❶ パスワードを入力　　❷ [接続] をタップ

6 Wi-Fi（無線LAN）に接続できた

ステータスバーにWi-Fiのアイコンが表示された

次回以降、接続済みの無線LANアクセスポイントが周囲にあると、自動的に接続される

1 基本

2 設定

3 電話

4 メール

5 ネット

6 アプリ

7 写真

8 便利

9 疑問

HINT　Wi-Fi（無線LAN）につながらないときは

無線LANアクセスポイントの電波が届く範囲にいるのに、接続できないときは、パスワードの入力が間違っていたり、無線LANアクセスポイントのパスワードが変更されているなどの可能性があります。手順4の画面でネットワーク名の右の (i) をタップし、一度、設定を削除してから、あらためて設定をやり直し、正しいパスワードを入力しましょう。

HINT　Wi-Fi（無線LAN）のパスワードを家族と共有するには

その場に居る家族や友だちが手順4の画面で接続したいネットワークをタップしたとき、自分のiPhoneに右の画面が表示されることがあります。[パスワードを共有] をタップすると、相手のiPhoneにパスワードを転送できます。パスワードを共有するには、相手の [連絡先] のアプリに、自分のApple IDを含む連絡先が登録されている必要があります。

アカウントの設定

iPhoneを使うための
アカウントを理解しよう

iPhoneの機能の多くは、インターネット上で提供されているさまざまなサービスを利用しています。これらのサービスを利用するには、「アカウント」が必要です。iPhoneを使うために必要なアカウントについて、解説します。

「アカウント」とは？

「アカウント」はインターネットで提供されるさまざまなサービスを利用するためのもので、個人を識別する一種の会員情報です。アカウントは各サービスごとに取得するもので、「アカウント名」と「パスワード」をセットで利用します。無料で利用できる多くのサービスでは、アカウントも無料で取得できます。アカウント名は「ユーザー ID」などとも呼ばれ、各サービスで個人を識別するために使いますが、すでにほかの人が取得済みのアカウント名は利用できません。サービスによっては、メールアドレスをアカウントとして利用します。また、パスワードはアカウントと組み合わせて認証するための暗証番号と同じ位置付けのものなので、第三者に知られないように注意する必要があります。ここではiPhoneの利用に必須となる「Apple ID」と各携帯電話会社のアカウントについて、説明します。

●アカウントの仕組み

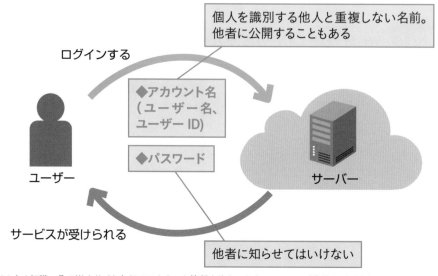

まめ知識　偽のWebサイトなどでアカウント情報を盗むことをフィッシング詐欺と呼びます。

アップルのサービスを使うためのApple ID

「Apple ID」はアップルが提供するさまざまなサービスを利用するためのアカウントです。iPhoneを使っていくうえで必須の「iCloud」や「App Store」にも使います。Apple IDの新規作成やiPhoneへの設定方法については、次のワザ018で解説します。

●Apple IDでできること
・iCloudのメールなどの利用
・iMessageの送受信
・App Storeでのアプリのダウンロード
・iTunes Storeでの音楽・映画の購入
・Apple Storeでの商品購入

各携帯電話会社のサービスを利用するためのアカウント

●NTTドコモ

NTTドコモのサービスを利用するには「dアカウント」を使います。動画配信サービスの「dTV」や決済サービスの「d払い」をはじめ、契約情報の確認や変更ができる「My docomo」への接続にも利用します。NTTドコモの契約者以外もdアカウントを取得すれば、各サービスが利用できます。

●au

auのサービスを利用するには「au ID」を使います。決済サービスの「au PAY」や通販サービスの「au PAYマーケット」をはじめ、契約情報の確認や変更ができる「My au」への接続にも利用します。auの契約者以外もau IDを取得すれば、各サービスが利用できます。

●ソフトバンク

ソフトバンクの契約情報の確認や変更ができる「My SoftBank」の利用に「SoftBank ID」を使います。ソフトバンクの携帯電話番号とYahoo!のアカウントの「Yahoo! ID」を連携することで、Yahoo! JAPANの各サービスに自動ログインができるようになり、さまざまな特典を受けられるようになります。

●携帯電話会社のアカウントの共通した仕組み

dアカウント など

My docomo など

ログインする

◆料金の確認
◆契約情報の確認・変更
◆サービスの申込み
　など

アカウント

サポートサイトまたはアプリ

1 基本

2 設定

3 電話

4 メール

5 ネット

6 アプリ

7 写真

8 便利

9 疑問

アカウントの設定

Apple IDを取得するには

設定

iCloudなどのアップルのサービスを使ったり、App Store（ワザ048）のアプリや iTunes Store（ワザ057）の音楽をダウンロードしたりするには、「Apple ID」が 必要です。Apple IDを作成し、iPhoneに設定しましょう。

第2章 iPhoneを使えるようにしよう

1 [Apple ID]の画面を表示する

[iPhoneにサインイン] を**タップ**

2 Apple IDを新規作成する

❶[Apple IDをお持ちでないか 忘れた場合]を**タップ**

Apple IDとパスワード を入力し、[次へ]を タップすると、53ペー ジの手順10に進む

❷[Apple IDを 作成]を**タップ**

3 名前を入力する

❶姓を入力　　❷名を入力

4 生年月日を設定する

❶ここを上下に**スワイプ**して、 生年月日を設定

❷[次へ]を **タップ**

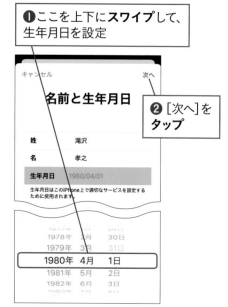

●まめ知識　iPhoneの充電時にiPhoneを機内モードに設定すると、通常よりも早く充電が完了します。

5 iCloudのメールアドレスを新規作成する

❶ [メールアドレスを持っていない場合]を**タップ**

ここをタップすると、アップルからのニュースメールをオフにできる

❷ [iCloudメールアドレスを取得する]を**タップ**

❸ 希望するメールアドレスを**入力**

❹ [次へ]を**タップ**

6 メールアドレスの作成を確認する

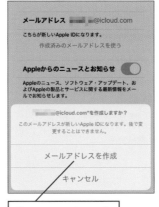

[メールアドレスを作成]を**タップ**

7 大文字と数字を含む8文字以上のパスワードを決める

❶ 希望するパスワードを**入力**

❷ もう一度、同じパスワードを**入力**

❸ [次へ]を**タップ**

次のページに続く→

1 基本

2 設定

3 電話

4 メール

5 ネット

6 アプリ

7 写真

8 便利

9 疑問

8 本人確認用の電話番号を設定する

[続ける]を**タップ**

表示された番号とは違う電話番号を使う場合は、［別の電話番号を使用する]をタップする

9 利用規約に同意する

❶利用規約の内容を**確認**

❷［同意する]を**タップ**

利用規約を確認する画面が表示された

❸［同意する]を**タップ**

しばらく待つ

HINT
Apple IDにはどの電話番号を設定すればいいの？

手順8では電話番号を登録していますが、通常はiPhoneの電話番号が表示されます。iPhone以外の携帯電話番号や固定電話なども登録できますが、登録した電話番号は、53ページのHINTで説明している「2ファクタ認証」に利用されるため、いつでも受けられる電話番号を登録しておきましょう。

10 Apple IDが設定できた

[Apple ID]の画面が表示された

続けて、ワザ019でiCloudのバック
アップの設定を確認する

HINT **2ファクタ認証って何?**

Apple IDで新しいiPhoneやiPad
などにサインインするとき、通常
のパスワードを含め、2種類の情
報を求める認証方法を「2ファク
タ認証」と呼びます。2ファクタ認
証を使うときは、パスワードの入
力に加え、手順8で設定した電話
番号に確認コードが送られてくる
ので、それを入力します。新たに
Apple IDを作成する場合、2ファ
クタ認証の設定が必須になるこ
とがあります。現在、使っている
Apple IDで2ファクタ認証を設定
していないときは、ワザ082を参
考に、必ず設定しておきましょう。

HINT **iPhoneのデータをiCloud上に統合できる**

すでにiPhoneに連絡先などの情報
が保存されていて、iCloudの利用
を開始すると、「iCloudにアップ
ロードして結合します。」と表示され
ることがあります。ここで[結合]
をタップすると、iPhoneに保存さ
れている連絡先やリマインダーなど
の情報は、iCloud上のデータと統
合され、以後は自動的にiCloudに
保存されるようになります。

[結合]をタップすると、iPhone
の連絡先やカレンダーなどの
情報がiCloudに統合される

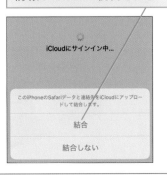

1 基本

2 設定

3 電話

4 メール

5 ネット

6 アプリ

7 写真

8 便利

9 疑問

019

設定

アカウントの設定

iCloudのバックアップを
有効にするには

iPhoneにApple IDを設定すると、アップルが提供するクラウドサービス「iCloud」を利用できます。iCloudは連絡先や写真、各アプリのデータなどの保存や同期ができ、5GBまで無料で保存できます。

iCloudを使ってできること

iCloudを使うと、連絡先やカレンダー、ブックマーク、写真、各アプリのデータ、iTunes Storeでダウンロードした音楽などをiCloudのサーバーと同期できるようになり、複数の機器で同じデータを扱えます。また、iPhoneのデータをバックアップしたり、iPhoneをインターネット経由で探索やロックすることができるので、iPhoneの紛失に備えることもできます。「○△□@icloud.com」はメールアドレスとしても使えます。

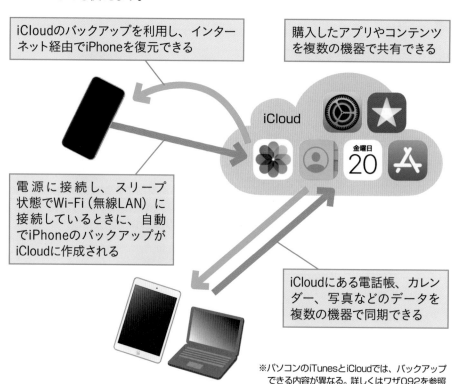

iCloudのバックアップを利用し、インターネット経由でiPhoneを復元できる

購入したアプリやコンテンツを複数の機器で共有できる

iCloud

電源に接続し、スリープ状態でWi-Fi（無線LAN）に接続しているときに、自動でiPhoneのバックアップがiCloudに作成される

iCloudにある電話帳、カレンダー、写真などのデータを複数の機器で同期できる

※パソコンのiTunesとiCloudでは、バックアップできる内容が異なる。詳しくはワザ092を参照

第2章 iPhoneを使えるようにしよう

まめ知識　iPhone SE（第2世代）はiPhone 8とほぼ同じ形状で、ケース製品などの多くが流用できます。

iCloudでのバックアップ

1 [Apple ID]の画面を表示する

ワザ016を参考に、Wi-Fi（無線
LAN）に接続しておく

iPhoneを電源か、パソコンに
接続しておく

ワザ016を参考に、[設定]の
画面を表示しておく

アカウント名を
タップ

設定

滝沢孝之
Apple ID、iCloud、iTunes StoreとApp S...

✈ 機内モード
⊘ Wi-Fi　　　　　　　　　　　>
❋ Bluetooth　　　　　　オン >
ᙈ モバイル通信　　　　　　　>

2 [iCloud]の画面を表示する

[Apple ID]の画面が表示された

❮設定　　　Apple ID

滝沢孝之
　　　@icloud.com

名前、電話番号、メール　　　　>
パスワードとセキュリティ　　　>
支払いと配送先　　　　　なし >
サブスクリプション　　　　　　>

☁ iCloud　　　　　　　　　　>
Ⓐ iTunesとApp Store　　　　>

[iCloud]を**タップ**

3 iCloudのバックアップの設定を確認する

❶画面を下に**スクロール**

❮ Apple ID　　iCloud

容量
iCloud　　　　　使用済み: 48.5 MB / 5 GB

● バックアップ ● 写真 ● メール ● 書類
ストレージを管理　　　　　　　>

ICLOUDを使用しているAPP
🌼 写真　　　　　　　　オン >
　　メール
　　Siri
🔑 キーチェーン　　　　オフ >
🔄 iCloudバックアップ　　オン >
☁ iCloud Drive　　　　⬤

❷ [iCloudバックアップ]がオンに
なっていることを**確認**

オフになっているときはタップして、
[iCloudバックアップ]をオンにする。
[iCloudバックアップを開始]の画面
で、[OK]をタップする

HINT　手動でもバックアップを作成できる

iCloudへのバックアップはWi-Fi
（無線LAN）と電源に接続されて
いるときに、1日1回の間隔で自
動的に作成されます。手順3の
画面で[iCloudバックアップ]を
タップし、[今すぐバックアップ
を作成]をタップすると、手動で
もバックアップを作成できます。

1 基本

2 設定

3 電話

4 メール

5 ネット

6 アプリ

7 写真

8 便利

9 疑問

020 アカウントの設定

設定

各携帯電話会社の 初期設定をするには

携帯電話会社のメールなど一部のサービスを利用するには、このワザで解説する初期設定が必要です。初期設定の方法は携帯電話会社ごとに異なるため、自分が契約する携帯電話会社の初期設定の手順を実行しましょう。

第2章 iPhoneを使えるようにしよう

NTTドコモのiPhoneで初期設定を行う

1 [Safari]を起動し、ブックマークの画面を表示する

ワザ016を参考に、Wi-Fi（無線LAN）をオフにしておく

[Safari]を**タップ**

Safariが起動する

2 [My docomo（お客様サポート）]の画面を表示する

❶ここを**タップ**

[ブックマーク]の画面が表示された

❷[My docomo（お客様サポート）]を**タップ**

HINT NTTドコモの初期設定でできること

このページからの手順でNTTドコモのプロファイルをインストールすると、[メール]のアプリで「ドコモメール」が使えるようになり、ホーム画面にNTTドコモの各種サービスのアイコンが追加されます。

●まめ知識 ホーム画面の［サポート］をタップすると、「My docomo」のWebページを表示できます。

1 基本

2 設定

3 電話

4 メール

5 ネット

6 アプリ

7 写真

8 便利

9 疑問

3 [設定 (メール等)]の画面を表示する

「My docomo」の画面が表示された

[設定 (メール等)]
をタップ

4 [iPhoneドコモメール利用設定]の画面を表示する

❶画面を下にスクロール

❷ [iPhoneドコモメール利用設定]
をタップ

❸ [ドコモメール利用設定サイト]
をタップ

5 ネットワーク暗証番号を入力する

[iPhoneドコモメール利用設定] の
画面が表示された

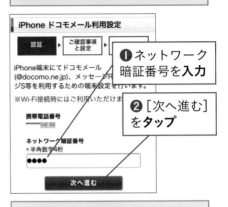

❶ ネットワーク
暗証番号を入力

❷ [次へ進む]
をタップ

注意事項の画面が表示されたら、
同意して [次へ進む]をタップする

6 設定のためのプロファイルをダウンロードする

❶ [次へ]をタップ

❷ [許可]をタップ

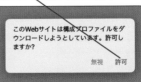

次のページに続く⟶

7 プロファイルが ダウンロードされた

ワザ016を参考に、［設定］の画面を表示しておく

[プロファイルがダウンロードされました]を**タップ**

8 プロファイルをインストールする

iPhone利用設定のプロファイルをインストールする画面が表示された

❶［インストール］を**タップ**

❷［インストール］を**タップ**

❸［インストール］を**タップ**

9 プロファイルのインストールを 完了する

［完了］を**タップ**

［プロファイル］の画面が表示され、ドコモメールが送受信できるようになった

HINT ホーム画面にアイコンが追加される

プロファイルをインストールすると、アプリをダウンロードするためのアイコンがホーム画面に追加されます。アイコンをタップすると、App Storeからアプリがダウンロードされ、インストールされます。

●まめ知識 「My docomo」ではdアカウントの設定だけでなく、データ通信量の確認もできます。

第2章 iPhoneを使えるようにしよう

auのiPhoneで初期設定を行う

1 [Safari]を起動し、ブックマークの画面を表示する

ワザ016を参考に、Wi-Fi（無線LAN）をオフにしておく

[Safari]を**タップ**

Safariが起動する

HINT auの初期設定でできること

このページからの手順でauのプロファイルをインストールすると、[メール] アプリでauの「Eメール」が使えるようになります。手順7で [「メッセージ」アプリで利用したい場合はこちら] をタップすると、「Eメール」を [メッセージ] のアプリで利用できるようになります。

2 [auサポート]の画面を表示する

❶ここをタップ

[ブックマーク]の画面が表示された

❷ [auサポート]をタップ

3 [iPhone設定ガイド]の画面を表示する

auサポートの画面が表示された

❶画面を下にスクロール

❷ [iPhone設定ガイド]をタップ

次のページに続く━━▶

1 基本
2 設定
3 電話
4 メール
5 ネット
6 アプリ
7 写真
8 便利
9 疑問

4 メールの初期設定の画面を表示する

[メール初期設定]を**タップ**

5 Eメールの初期設定を開始する

[メール初期設定へ]を**タップ**

6 電話番号を入力する

❶電話番号を**入力**

❷[次へ]を**タップ**

7 プロファイルをダウンロードする

❶[次へ]を**タップ**

❷[許可]を**タップ**

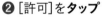
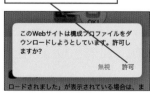

8 プロファイルのインストールを開始する

ワザ016を参考に、[設定]の画面を表示しておく

[プロファイルがダウンロードされました]を**タップ**

9 プロファイルをインストールする

iPhone利用設定のプロファイルをインストールする画面が表示された

❶ [インストール]を**タップ**

❷ [インストール]を**タップ**

❸ [インストール]を**タップ**

10 プロファイルのインストールを完了する

[完了]を**タップ**

[プロファイル]の画面が表示され、auメールが使えるようになった

次のページに続く───→

1 基本

2 設定

3 電話

4 メール

5 ネット

6 アプリ

7 写真

8 便利

9 疑問

ソフトバンクのiPhoneで初期設定を行う

1 [Safari]を起動し、[一括設定]を表示する

ワザ016を参考に、Wi-Fi（無線LAN）をオフにしておく

[Safari]を起動して、以下のWebページを表示しておく

一括設定

http://sbwifi.jp/

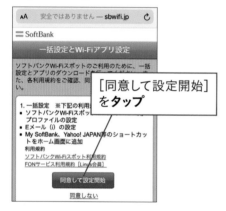

[同意して設定開始]を**タップ**

2 [メッセージ]を起動し、設定画面を表示する

ソフトバンクからSMSが届いたら、通知をタップする

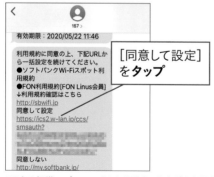

[同意して設定]を**タップ**

3 プロファイルをダウンロードする

プロファイルのダウンロードの画面が表示された

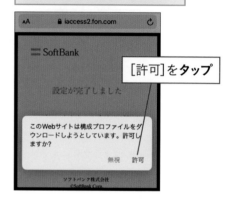

[許可]を**タップ**

4 プロファイルのインストールを開始する

ワザ016を参考に、[設定]の画面を表示しておく

[プロファイルがダウンロードされました]を**タップ**

●まめ知識　プロファイルとはiOSにさまざまな設定をまとめて読み込んで適用するためのファイルです。

5 プロファイルをインストールする

iPhone利用設定のプロファイルをインストールする画面が表示された

❶ [インストール]を**タップ**

❷ [インストール]を**タップ**

❸ [インストール]を**タップ**

6 フルネームを入力する

[フルネームの入力]の画面が表示された

❶自分の名前を**入力**　❷ [次へ]を**タップ**

7 プロファイルのインストールを完了する

[完了]を**タップ**

[プロファイル] の画面が表示され、一括設定が完了した

HINT ソフトバンクの初期設定でできること

前ページから手順でプロファイルをインストールすると、ソフトバンクが提供する「Eメール(i)」と公衆無線LANサービスの「ソフトバンクWi-Fiスポット」が使えるようになります。

1 基本
2 設定
3 電話
4 メール
5 ネット
6 アプリ
7 写真
8 便利
9 疑問

021

Safari

各携帯電話会社の
アカウントを確認するには

各携帯電話会社のアカウントは、[Safari]のブックマークからアクセスできるサポートサイト、またはアプリで確認できます。まだ、アカウントを登録していない場合は、サポートサイトやアプリから無料で登録できます。

第2章 iPhoneを使えるようにしよう

NTTドコモの「dアカウント」を確認するには

NTTドコモのオンラインサービスを利用するのに必要な「dアカウント」は、サポートWebサイト[My docomo]の[dアカウントメニュー]で確認できます。同サイト上では料金やデータ通信量の確認なども行なえます。

1 [dアカウントメニュー]を表示する

ワザ016を参考に、Wi-Fi（無線LAN）をオフにしておく

ワザ020を参考に、[Safari]のブックマークから[My docomo（お客様サポート）]の画面を表示する

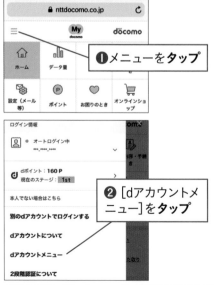

❶メニューを**タップ**

❷[dアカウントメニュー]を**タップ**

2 「dアカウント」を確認する

[dアカウントメニュー]が表示された

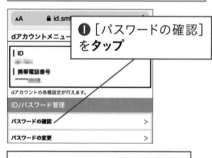

❶[パスワードの確認]を**タップ**

❷回線契約時に登録したネットワーク暗証番号を**入力**

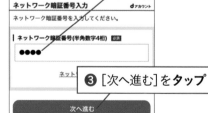

❸[次へ進む]を**タップ**

「dアカウント」のIDとパスワードが表示された

まめ知識　「My docomo」はアプリも提供されており、App Storeから無料でダウンロードできます。

auの「au ID」を確認するには

auのオンラインサービスを利用するのに必要な「au ID」は、専用アプリ[My au]で確認や設定できます。このアプリは料金確認やほかのサービスにも利用するので、ダウンロードして設定しておきましょう。

1 基本

2 設定

3 電話

4 メール

5 ネット

6 アプリ

7 写真

8 便利

9 疑問

1 「My au」のアプリをインストールして起動する

ワザ048を参考に、App Storeから[My au]のアプリを検索し、インストールしておく

ワザ016を参考に、Wi-Fi（無線LAN）をオフにしておく

[開く]を**タップ**

2 [空メール送信画面]を開く

ログインの画面が表示されたら、[au IDでログインする]をタップする

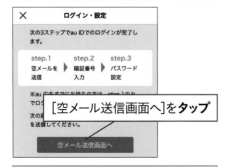

[空メール送信画面へ]を**タップ**

「au ID」がないときは、画面の指示に従って、操作して登録する

3 空メールを送信してログインする

[メッセージ]アプリが起動した

↑を**タップ**

4 [au IDログイン・アプリ設定]を表示する

「My au」の画面が表示された

❶メニューを**タップ**

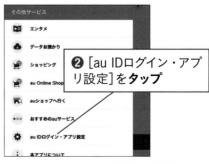

❷[au IDログイン・アプリ設定]を**タップ**

次のページに続く——➡

ソフトバンクの「SoftBank ID」を確認するには

ソフトバンクのサポートWebサイトの「My SoftBank」は、「SoftBank ID」がなくても利用できますが、Wi-Fi（無線LAN）経由で利用するときやパソコンから利用するときには、「SoftBank ID」が必要になります。「SoftBank ID」はアプリの「My SoftBank」で取得でき、同アプリ上で確認できるほか、手順2のようにしてサポートWebサイトからも確認することができます。

1 「My SoftBank」にログインする

ワザ016を参考に、Wi-Fi（無線LAN）をオフにしておく

[Safari]を起動する

❶ここを**タップ**

❷ここを**タップ**

2 [アカウント管理]を開いて確認する

自動的にログインした

❶右上のメニューを**タップ**

❷[アカウント管理]を**タップ**

❸画面を下に**スクロール**

[SoftBank ID] の欄にある[確認する]をタップする

HINT SoftBank IDの作成（登録）方法

ワザ048を参考に、「My SoftBank」のアプリをインストールします。はじめて起動したときに、「SoftBank ID」の作成（登録）を求められるので、IDとパスワードを登録しましょう。

「SoftBank ID」はアプリで作成できる

公衆無線LANを利用するには

カフェやホテル、空港、駅など、さまざまな場所に設置されたWi-Fiスポットを利用できるのが公衆無線LANサービスです。各携帯電話会社は契約者向けに公衆無線LANサービスを提供していて、一定の条件を満たせば、無料で利用できます。

NTTドコモが提供する公衆無線LANサービス

NTTドコモは「d Wi-Fi」という公衆無線LANサービスを提供しています。dアカウントを発行し、「dポイントクラブ」に入会していれば、申し込みをするだけで無料で利用できます。NTTドコモで契約した回線のiPhoneは、自動的に接続されますが、一部のアクセスポイントはdアカウントとd Wi-Fi用パスワードで認証が必要です。旧サービスの「docomo Wi-Fi」は、2021年度中に終了予定なので、終了する前に「d Wi-Fi」に申し込んでおきましょう。

d Wi-Fiが使えるお店には「d Wi-Fi」や「ドコモダケ」のステッカーが貼られている

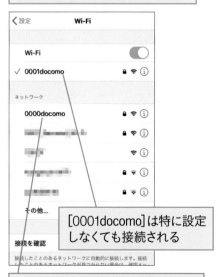

[Wi-Fi] の画面に、NTTドコモのアクセスポイント名が表示される

[0001docomo]は特に設定しなくても接続される

[0000docomo] や [docomo] にはアカウントやパスワードを入力する必要がある

1 基本

2 設定

3 電話

4 メール

5 ネット

6 アプリ

7 写真

8 便利

9 疑問

次のページに続く→

auが提供する公衆無線LANサービス

auは「au Wi-Fi SPOT」という公衆無線LANサービスを提供しています。auで契約した回線のiPhoneは、設定不要でアクセスポイントに自動接続できます。一部のアクセスポイントを利用するには、「au Wi-Fi接続ツール」というアプリを使って、接続設定する必要があり、設定にはau IDが必要です。

au Wi-Fi SPOTが利用できるお店には、auや「Wi2 300」「UQ Wi-Fi」のステッカーが貼られている

一部のアクセスポイントでは、［au Wi-Fi接続ツール］のアプリをインストールして、設定する必要がある

ソフトバンクが提供する公衆無線LANサービス

ソフトバンクは「ソフトバンクWi-Fiスポット」という公衆無線LANサービスを提供しています。62ページで解説したソフトバンクのメールサービスの「Eメール(i)」の一括設定を行ない、プロファイルをインストールすると、「ソフトバンクWi-Fiスポット」が利用できます。一部のアクセスポイントを利用するには、さらに「ソフトバンクWi-Fiスポット」というアプリをインストールし、設定しておく必要があります。

ソフトバンクWi-Fiスポットが利用できるお店には、図のようなステッカーが貼られている

一部のアクセスポイントでは、［ソフトバンクWi-Fiスポット］のアプリをインストールして、設定する必要がある

　●まめ知識　iPhone SEは最新の「Wi-Fi 6」に対応しています。

HINT 新しく接続するWi-Fi（無線LAN）を選択できる

46ページ手順4の画面の最下段に表示されている［接続を確認］をオンに設定すると、利用可能な無線LANアクセスポイントが見つかったときに［ワイヤレスネットワークを選択］の画面が表示されます。利用したいアクセスポイントをタップして、パスワードを入力すれば、接続できます。

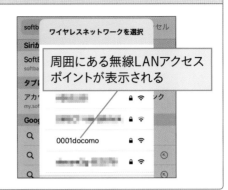

周囲にある無線LANアクセスポイントが表示される

HINT Wi-Fi（無線LAN）では利用できないサービスもある

Wi-Fi（無線LAN）の利用中は、ワザ021で解説したアカウントの設定などの一部機能が利用できなくなるので、必要に応じて、コントロールセンター（ワザ010）でWi-Fiを一時的にオフにします。逆に、大容量アプリや映画のダウンロードなどは、Wi-Fiで接続しないと、利用できないことがあります。特に、動画についてはWi-Fi経由なら、通信料金を気にせず、高画質に楽しめるので、なるべくWi-Fiで接続して、利用するようにしましょう。

HINT 見知らぬWi-Fi（無線LAN）ネットワークには接続しない

右の画面のように、錠前のアイコンが付いていない無線LANアクセスポイントは、暗号化キーが設定されていないため、通信が傍受される危険性があります。利用時に重要な情報を入力したり、メールなどで個人情報をやりとりしたりするのは避けましょう。自宅の無線LANアクセスポイントも不正利用や通信傍受を防ぐために、必ず暗号化キーを設定しましょう。

錠前のアイコンのないアクセスポイントへの接続には注意する

COLUMN

入っておきたい！
故障や紛失に備える補償サービス

iPhoneは常に持ち歩いているため、落としたりすると、前面と背面のガラスが割れたり、ヒビが入ることがあります。ガラスが割れてしまうと、画面が見えにくくなり、ガラスで怪我をしたり、割れたガラスの隙間から水が浸入して、故障することもあります。また、長く使っていると、内蔵のバッテリーが劣化することがあります。修理は画面が1万5,000円以上、バッテリーが5,000円以上、本体故障は3万円以上の費用がかかります。そこで、検討したいのがiPhoneの補償サービスです。アップルでは「AppleCare＋」(8,800円)という補償サービスを提供していて、購入から30日以内に加入すれば、2年間、故障時でも割安に修理ができます。AppleCare＋はアップルで申し込めるほか、各携帯電話会社でもApple Care＋に紛失補償などを組み合わせたサービスを提供しています。申し込みは購入時に限られているので、忘れずに申し込んでおきましょう。

毎日使うものだけに、悲劇に
見舞われることも……。

第3章

電話と連絡先を
使いこなそう

電話

電話をかけるには

iPhoneで電話をかけるには、［電話］を使います。相手の電話番号を入力して電話をかけるほかに、連絡先（アドレス帳）に登録してある相手に電話をかけたり、発着信履歴から相手を呼び出したりすることができます。

第3章　電話と連絡先を使いこなそう

番号を入力して電話を発信

1 ［電話］を起動する

電話をかけるために
［電話］を起動する

［電話］を**タップ**

2 ［電話］が起動して キーパッドが表示された

❶相手の電話番号を**タップ**して**入力**

❷ここを**タップ**

キーパッドが表示されないときは
［キーパッド］をタップする

●まめ知識　入力する電話番号を間違えたときは、数字の下の × をタップして、番号を削除しましょう。

連絡先から電話を発信

1 相手を選択する

❶ [連絡先]をタップ

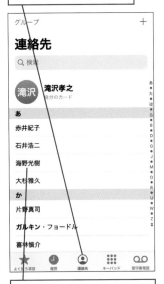

❷ かけたい相手をタップ

2 連絡先の詳細画面で 電話をかける

電話番号をタップ

すぐに発信が開始される

1 基本

2 設定

3 電話

4 メール

5 ネット

6 アプリ

7 写真

8 便利

9 疑問

HINT [FaceTime] って何?

上の手順2の連絡先画面にある [FaceTime]は、アップルが提供するアップル製品専用のビデオ通話サービスです。相手がiPhoneなど、アップル製品を利用しているとき、連絡先にFaceTimeの項目が表示されます。ビデオカメラアイコンをタップするとビデオ通話を、受話器アイコンをタップすると音声通話をFaceTimeで発信します。データ通信をしますが、データ定額プランやWi-Fiを使えば、追加料金なしで通話ができます。

次のページに続く──→

通話中の画面の構成

❶［消音］
自分の声を消音できる。通話相手の声は聞こえる

❷［キーパッド］
音声案内などで通話中に数字を入力するときに使う

❸［スピーカー］
相手の声をスピーカーで聞ける

❹［通話を追加］
通話中に別の連絡先に電話をかけられる。最初に通話していた相手は保留状態になる

❺［FaceTime］
ビデオ通話を開始できる

❻［終了］
［終了］をタップすると、通話を終了できる

❼［連絡先］
連絡先の情報を確認できる。通話先の追加もできる

HINT　自分の電話番号を確認するには

自分のiPhoneの電話番号は、前ページの手順1の画面にある［自分のカード］で確認できます。ここに表示されないときは、ワザ016を参考に、［設定］の画面を表示し、［電話］をタップすると、確認できます。ほかの人に電話番号を教えるときなどに利用しましょう。

［設定］-［電話］の順にタップすると、自分の電話番号が確認できる

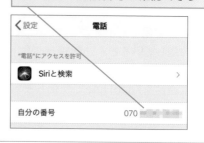

第3章　電話と連絡先を使いこなそう

　●まめ知識　スピーカーモードで通話するときは、相手の声が周囲に聞こえてしまうので注意しましょう。

024 電話

電話を受けるには

電話がかかってきたときには、画面には相手の電話番号か、連絡先の登録名が表示されます。ほかのアプリを使っているときやスリープの状態でも電話がかかってくると、自動的に画面が切り替わります。

操作中の着信

相手の電話番号がここに表示される

[応答]を**タップ**

通話が開始される

スリープ中の着信

相手の電話番号がここに表示される

[スライドで応答]のスイッチを右に**スワイプ**

通話が開始される

HINT **着信中にすばやく着信音を消すには**

着信中に本体右側面のサイドボタンを押すと、着信音を止めることができます。通話ができる場所に移動してから応答し、通話をすることができます。

1 基本

2 設定

3 電話

4 メール

5 ネット

6 アプリ

7 写真

8 便利

9 疑問

電話

発着信履歴を確認するには

電話をかけたときやかかってきたときの相手の電話番号は、日付や時刻とともに［電話］の［履歴］に記録されています。応答できなかった電話（不在着信）は、ロック画面や通知センターなどにも履歴が表示されます。

発着信履歴から電話を発信

1 発着信履歴を表示する

ワザ023を参考に、［電話］を起動しておく

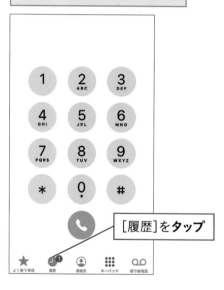

［履歴］を**タップ**

2 電話をかけ直す

不在着信は赤く表示される

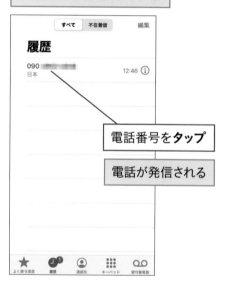

電話番号を**タップ**

電話が発信される

HINT 発着信履歴から電話番号を連絡先に登録するには

発着信履歴の電話番号をタップすると、その連絡先に電話が発信されます。発着信履歴の ⓘ をタップすると、その履歴の詳細が表示され、その詳細画面から相手の電話番号を連絡先に登録することができます。連絡先の登録方法は、ワザ027で解説します。

●まめ知識　［電話］の［履歴］は、右上の［編集］-［消去］から、全着信履歴を消去できます。

着信の設定

着信音を鳴らさないためには

設定

会議中など、着信音を鳴らしたくない場面では、iPhone左側面のスイッチで「消音」(マナーモード) に切り替えましょう。音を鳴らさないでもバイブレーション(振動)で着信を知ることもできます。

消音モードの切り替え

1 サイレントスイッチを切り替える

着信／サイレントスイッチを**切り替え**

オレンジ色が見える状態にする

2 消音モードに切り替えられた

[消音モードオン] と表示され、着信音が鳴らないように設定できた

HINT 絶対に着信音を鳴らしたくないときは

どうしても着信音を鳴らしたくないときは、機内モードに切り換えた上で電源を切りましょう。カバンの中で意図せずiPhoneに電源が入っても着信音は鳴りません。ただし、電源が入っていると、アラームやタイマーは鳴るので、注意しましょう。緊急の連絡だけは受けたいときは、「おやすみモード」 (ワザ087) も活用しましょう。

ワザ010を参考にコントロールセンターを表示して、 [機内モード] をオンにする

次のページに続く——>

右端縦書き見出し:
1 基本
2 設定
3 電話
4 メール
5 ネット
6 アプリ
7 写真
8 便利
9 疑問

バイブレーションの設定

1 ［サウンドと触覚］の画面を表示する

ワザ016を参考に、［設定］の画面を表示しておく

［サウンドと触覚］を**タップ**

2 バイブレーションをオンにする

［サウンドと触覚］の画面が表示された

［着信スイッチ選択時］［サイレントスイッチ選択時］のここを**タップ**して、オンに設定

HINT　連絡先ごとに着信音を設定できる

手順2の画面で［着信音］や［メッセージ］の項目をタップして、［デフォルト］以外の音を選ぶと、その連絡先からの電話やメッセージだけ、［設定］の画面の［サウンドと触覚］で設定された共通の着信音とは別の着信音や通知音が鳴るようになります。

027

連絡先の設定

電話

連絡先を登録するには

iPhoneには電話帳やアドレス帳として使える［連絡先］が搭載されています。よく連絡を取る家族や友だちを登録しておくと、簡単に電話やメールを発信でき、着信時には相手の名前が表示されるので、便利です。

新しい連絡先の登録

1 ［連絡先］を起動する

ワザ023を参考に、［電話］を起動しておく

［連絡先］を**タップ**

2 ［連絡先］の画面が表示された

ここを**タップ**

3 ［連絡先］の画面が表示された

氏名と読みを**入力**

次のページに続く⟶

1 基本

2 設定

3 電話

4 メール

5 ネット

6 アプリ

7 写真

8 便利

9 疑問

4 電話番号を入力する

❶ 画面を下に**スクロール**

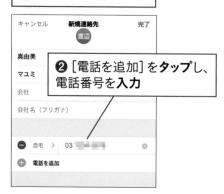

❷ [電話を追加]を**タップ**し、電話番号を**入力**

5 メールアドレスを入力する

❶ [メールを追加]を**タップ**し、メールアドレスを**入力**

❷ [完了]を**タップ**

6 連絡先の一覧を表示する

新しい連絡先が追加され、連絡先の詳細が表示された

[編集]をタップすると、内容を修正できる

[連絡先]を**タップ**

連絡先をタップすると、詳細画面が表示される

検索フィールドで連絡先を検索できる

HINT 自分の連絡先を登録するには

手順2の画面で[自分のカード]をタップすると、自分の連絡先が表示されます。未登録のときは、iCloudの設定などから、Siriが自動検出した自分の名前や電話番号、メールアドレスが候補として表示され、それをタップすることで簡単に登録できます。ワザ028の手順で再編集することもできます。

着信履歴から連絡先に登録

1 電話番号の情報を表示する

ワザ025を参考に、発着信履歴を表示しておく

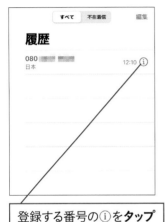

登録する番号の①を**タップ**

2 新規連絡先を作成する

[新規連絡先を作成]を**タップ**

3 連絡先の情報を入力する

❶連絡先の情報を**入力**

❷[完了]を**タップ**

4 連絡先が追加された

電話番号は自動的に追加される

1 基本

2 設定

3 電話

4 メール

5 ネット

6 アプリ

7 写真

8 便利

9 疑問

連絡先の設定

連絡先を編集するには

[連絡先]の情報は、内容を修正したり、追加したりできます。自宅や会社の電話番号や住所、誕生日、メモなどを登録しておけば、連絡を取るときだけでなく、さまざまな場面で役に立ちます。

第3章　電話と連絡先を使いこなそう

1 フィールドの追加画面を表示する

ワザ027を参考に、編集する連絡先の詳細画面を表示しておく

[編集]を**タップ**

2 フィールドを追加する

❶画面を下に**スクロール**

❷[フィールドを追加]を**タップ**

[連絡先を削除] をタップすると、編集中の連絡先を削除できる

HINT [よく使う項目]を使うには

手順1の画面で[よく使う項目に追加]をタップすると、その連絡先を[よく使う項目]に追加できます。[よく使う項目]は自分や家族の勤務先など、頻繁に電話をかける連絡先を追加しておく場所で、[連絡先]の画面左下の[よく使う項目]をタップすると、表示されます。

1 基本

2 設定

3 電話

4 メール

5 ネット

6 アプリ

7 写真

8 便利

9 疑問

3 追加するフィールドを選択する

ここでは［役職］のフィールドを
追加する

［役職］を**タップ**

4 フィールドに情報を入力する

連絡先に［役職］のフィールドが
追加された

❶追加したフィールド
に情報を**入力**

❷［完了］
を**タップ**

⊗をタップすると、
フィールドを削除
できる

HINT　**メールアドレスを交換するには？**

目の前にいる人とメールアドレスを交換するときは、その場でメールアドレス
を教え合い、メールを送信する（ワザ033）のが確実です。電話番号なども
いっしょに交換するときは、78ページのHINTを参考に、自分の連絡先を
登録しておき、自分の連絡先の画面を下にスクロールして［連絡先を送信］
をタップすれば、［メール］などの方法で連絡先ファイルを送れます。近く
にいるiPhoneやiPadとの間であれば、AirDrop（ワザ072）という機能でも
連絡先を共有できます。

HINT　**連絡先をバックアップするには**

iCloud（ワザ019）を使っているときは、連絡先は自動的にiCloudに保存される
ので、バックアップを取る必要がありません。パソコンのWebブラウザーで
iCloudにアクセスし、［連絡先］をクリックして連絡先の一覧を表示し、書
き出したい連絡先を選択します（[Shift]キーを押しながらクリックすると、
複数を選択可能）。そして、左下の歯車のアイコンをクリックして［vCardを
書き出す］を選ぶと、その連絡先がファイルとしてパソコンに保存されます。

連絡先の設定

Androidスマートフォンの データをコピーするには

アップルがAndroidスマートフォン向けに提供しているアプリ「iOSに移行」を使うと、Androidスマートフォン内の連絡先や写真、ブックマークなどのデータをiPhoneへと簡単にコピーすることができます。

第3章 電話と連絡先を使いこなそう

AndroidスマートフォンとiPhoneでの準備

Androidスマートフォンからの操作

1 Androidスマートフォンで
[iOSに移行]を起動する

電子マネーを使っているときは、
事前に移行操作をしておく

[Playストア]で、[iOSに移行]を
インストールしておく

Androidスマートフォン
をWi-Fi(無線LAN)に
接続しておく

[iOSに移行]を**タップ**

2 iOSに移行する操作を開始する

[iOSに移行]が起動した

iOSに移行

このAppを使うと、Androidフォンから新しいiPhoneまたはiPadにメッセージや写真などをコピーできます。

続ける

➡iOS

[続ける]を**タップ**

続けて、iPhoneでの操作を
行なう

3 iPhoneで [Androidから移行]の画面を表示する

ワザ095を参考に、初期設定を進め、[Appとデータ]の画面を表示しておく

ワザ016を参考に、Wi-Fi（無線LAN）に接続しておく

[Androidからデータを移行]を**タップ**

4 移行コードを表示する

[Androidから移行] の画面が表示された

[続ける]を**タップ**

移行のコードが表示された

Androidスマートフォンからのデータの転送

🤖 **Androidスマートフォンからの操作**

1 Androidスマートフォンで [コードを検索]の画面を表示する

利用条件に関する画面が表示されたら、内容を確認する

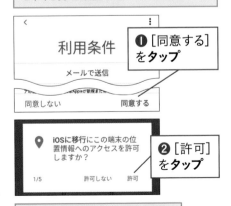

❶ [同意する]を**タップ**

❷ [許可]を**タップ**

ここでは以降もすべて [許可]をタップする

2 [コードを入力]の画面を表示する

[コードを検索]の画面が表示された

コードを検索

iPhoneにコードが表示されない場合は、iPhoneの設定アシスタントを開いていて、"Androidからデータを移行"を選択していることを確認してください。

[次へ]を**タップ**

次のページに続く→

3 移行コードを入力する

[コードを入力]の画面が表示された

❶ 前ページでiPhoneに表示された
コードを**入力**

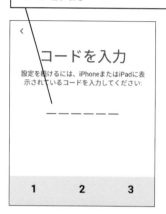

移行データの準備ができるまで
しばらく待つ

4 転送するデータの種類を選択する

[データを転送]の画面が表示された

ここでは表示されたすべての
データを転送する

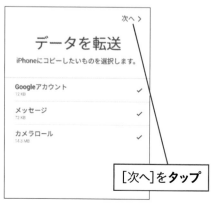

[次へ]を**タップ**

5 移行コードを表示する

[転送が完了しました]と表示された

[完了]を**タップ**

転送が完了しました

データが新しいiPhoneまたはiPadにコピー
されました。

購入済みのAppやメディア、App内に保存さ
れたメディアなどの一部の項目はコピーさ
れませんでした。

完了

Androidフォンのリサイクル

このAndroid端末は、Apple Storeにお持ち
いただければ無料でリサイクルできます。

[iOSに移行]を終了しておく

続けて、iPhoneでの操作を行なう

HINT 従来型の携帯電話から連絡先をコピーするには

スマートフォンではなく、従来型
の携帯電話から連絡先データを
iPhoneに移行する方法は、各携
帯電話会社がパソコンを使った方
法を提供しています。パソコンを
持っている人は、携帯電話会社
のWebサイトを参照してください。
パソコンを持っていない人は、携
帯電話会社のショップで相談して
みましょう。

データ転送の完了

1 基本
2 設定
3 電話
4 メール
5 ネット
6 アプリ
7 写真
8 便利
9 疑問

iPhoneの操作

1 転送を完了し、初期設定を進める

Androidスマートフォンからのデータ転送状況が表示された

[転送が完了しました] と表示されるまで、しばらく待つ

→iOS

転送が完了しました

[iPhoneの設定を続ける]
を**タップ**

iPhoneの設定を続ける

ワザ095を参考に、操作を進め、初期設定を完了する

2 Googleアカウントのパスワードを入力する

共通のアプリを追加するかを確認する画面が表示されたときは、[追加しない]、または [Appを追加]をタップしておく

Googleアカウントのパスワード設定についての画面が表示された

[設定]を**タップ**

"設
定"で"......@gmail.com"の
Googleパスワードを入力してく
ださい。

設定   キャンセル

画面の指示に従って、Googleパスワードを入力しておく

HINT Googleアカウントの連絡先を使うには

このページの手順2の画面でGoogleアカウントのパスワードを入力すると、iPhoneにGoogleアカウントが設定され、Googleアカウント上の連絡先がiPhoneでも参照できるようになります。ワザ032の手順3の画面で、Googleアカウントの設定を追加することもできます。ただし、iPhone上で新規の連絡先を追加してもGoogleアカウント上の連絡先リストには追加されないので、Androidスマートフォンやパソコンを併用するときは注意が必要です。

COLUMN

海外で使うときに
注意することは……?

海外でiPhoneを使うとき、気になるのが料金です。現在、NTTドコモとauは、24時間あたり980円でデータ通信が利用できる「パケットパック海外オプション」(NTTドコモ)と「世界データ定額」(au)をそれぞれ提供しています。いずれも24時間経過後は自動的に切断され、もう一度、アプリで[利用開始]をタップしない限り、接続されないので、安心です。データ通信量は国内で契約中のパケットパック(データ定額)の容量から差し引かれますが、一部の料金プランは上限が設定されています。音声通話は従来同様、着信だけでも1分175円(北米の場合)の国際転送料がかかり、SMSの送信も1通100円と高額なので、注意が必要です。「パケットパック海外オプション」は事前に申し込みが必要で、「世界データ定額」は申し込み不要です。ソフトバンクは米国滞在時、国内と同じように利用できる「アメリカ放題」を提供していますが、米国以外では1日あたり最大2,980円の利用料金がかかります。

ドコモ
パケットパック
海外オプション

au
世界データ定額

ソフトバンク
アメリカ放題

第4章

メールとメッセージを使いこなそう

メール

使えるメッセージ機能を知ろう

iPhoneではさまざまな種類のメッセージやメールに対応し、送信相手の種類や文章の長さ、写真を送るかどうかなどによって、使い分けができます。ここでは主要なメッセージ・メールの特徴について解説します。

第4章 メールとメッセージを使いこなそう

電話番号あてに送れる「SMS」「＋メッセージ」

●使用するアプリ

メッセージ

＋メッセージ

●送信先の例　090-XXXX-XXXX

「SMS」は電話番号を宛先にするメッセージ機能です。最大全角70文字までで、1通3円の送信料がかかります。NTTドコモ、au、ソフトバンクのスマートフォンが相手であれば、より長い文章や画像なども無料で送れる「＋メッセージ」というメッセージ機能も利用できます。

Apple IDあてに送れる「iMessage」

●使用するアプリ

メッセージ

●送信先の例　090-XXXX-XXXX ／
Apple ID

「iMessage」はiPhoneやMacなど、アップル製品同士で利用できるメッセージ機能です。［メッセージ］のアプリでほかの人のApple IDやApple IDに登録している電話番号を宛先にすると、自動でiMessageとして送信されます。画像や録音した音声などもやりとりできます。

まめ知識　SMSでも双方が表示に対応していれば、絵文字を利用してやりとりできます。

メールアドレスあてに送れる「メール」

●使用するアプリ

メール

●送信先の例　　xxxxx@xxxxxx.xxx

「〜 @gmail.com」などのメールアドレスを使う一般的なインターネットのメールサービスは、下の表にあるものが利用できます。パソコンで使っているインターネットメールサービスも、必要な情報を設定すれば、iPhoneで送受信ができます。

1 基本

2 設定

3 電話

4 メール

5 ネット

6 アプリ

7 写真

8 便利

9 疑問

キャンセル

展示会のお知らせ ↑

宛先: 海野光樹　片野真司　喜林慎介

Cc/Bcc、差出人: ██████@icloud.com

件名: 展示会のお知らせ

写真同好会の皆様

そろそろ暑くなってきましたね。
定例の展示会まであともう少し。準備は順調に進んでいますか？困ったことがあれば相談してください。
搬入日には打ち上げを予定しております。展示作業を片付けて、美味しいビールで乾杯といき

●メールサービスの種類

メールの種類	メールアドレスの例	概要
携帯電話会社のメール	〜 @docomo.ne.jp 〜 @ezweb.ne.jp 〜 @au.com 〜 @softbank.ne.jp など	NTTドコモやau、ソフトバンクが提供するメールサービス。機種変更の場合、電話番号同様にこれまで使っていたメールアドレスをiPhoneでも利用できる。
iCloud	〜 @icloud.com	アップルが提供するクラウドサービス「iCloud」のメール機能。ワザ018でApple IDを設定すれば、利用できる
Gmail、 Yahoo!メール	〜 @gmail.com、 〜 @yahoo.co.jp	アップル以外の会社が提供する大手メールサービス。アカウントを設定するとiPhoneで利用できる
一般的な インターネットメール	〜 @example.jp、 〜 @impress.co.jp など	プロバイダーや会社のメール。パソコンと同様に使えるが、iPhoneに設定するにはサーバー名などの設定情報が必要

HINT　メールとメッセージはどう違うの？

iPhoneではiCloudやGmailなど、パソコンと同じメールサービスが使えます。これらはパソコン同様、長文をやりとりするのに向いています。一方の「＋メッセージ」や「iMessage」は、長文のやりとりには不向きですが、気軽に会話のような短い文章をやりとりするのに向いています。

031

メール

メールとメッセージの基本

携帯電話会社のメールを使うには

各携帯電話会社はメールサービスを提供していますが、各社のメールサービスのメールを送受信するには、iPhoneに設定が必要です。iPhoneでメールを送受信するためのプロファイルをダウンロードするなどして、設定しましょう。

第4章　メールとメッセージを使いこなそう

NTTドコモのメール

NTTドコモの「ドコモメール」を使うには、56ページの手順に従って、プロファイルをインストールします。Safariで [My docomo (お客様サポート)] を表示し、[iPhoneドコモメール利用設定] からプロファイルをダウンロードします。ダウンロードしたプロファイルは [設定] のアプリの [プロファイルがダウンロードされました] をタップして、インストールします。

注意 ahamoを契約しているときは、ドコモメールが利用できません

ワザ020を参考に、[iPhoneドコモメール利用設定] からプロファイルをダウンロードする

HINT [メッセージ]のアプリでメールを送受信するには

ソフトバンクのメールやauのEメールを [メッセージ] のアプリで利用する場合、[メッセージ] のアプリを起動したときに [MMS機能を使用するにはMMSメールアドレスが必要です] と表示されることがあります。このようなときは、[設定]をタップし、画面をスクロールして [MMSメールアドレス]の項目に自分のメールアドレスを入力します。

●まめ知識　[メッセージ]アプリでメールを送信すると、件名のないメールとして送信されます。

auのメール

auの「Eメール」を使うには、59ページの手順に従って、プロファイルをインストールします。Safariで［auサポート］を表示し、［iPhone初期設定］の［メール初期設定］からプロファイルをダウンロードします。ダウンロードしたプロファイルは［設定］のアプリの［プロファイルがダウンロードされました］をタップして、インストールします。

> **注意** povoを契約しているときは、auのEメールが利用できません

> ワザ020を参考に、［iPhone初期設定］-［メール初期設定］からプロファイルをダウンロードする

ソフトバンクのメール

ソフトバンクのメール（MMS）は、前ページのHINTで説明している設定をすれば、［メッセージ］のアプリで送受信できるようになります。ソフトバンクがiPhone専用に提供している「Eメール（i）」というメールサービスを利用するには、62ページの手順に従って、「一括設定」のプロファイルをインストールします。プロファイルをインストールすると、「ソフトバンクWi-Fiスポット」も利用できるようになります。

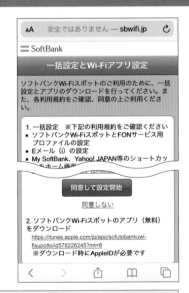

> **注意** LINEMOを契約しているときは、ソフトバンクのMMSが利用できません

> ワザ020を参考に、［一括設定］のプロファイルをダウンロードする

1 基本
2 設定
3 電話
4 メール
5 ネット
6 アプリ
7 写真
8 便利
9 疑問

032

設定

メールとメッセージの基本

パソコンのメールを使うには

パソコンで使っているプロバイダーなどのメールサービスも［メール］で送受信できます。設定にはサーバー名（ホスト名）やユーザー名、パスワードなどの情報が必要なので、プロバイダーのWebページを確認しましょう。

第4章　メールとメッセージを使いこなそう

1 ［パスワードとアカウント］の画面を表示する

ワザ016を参考に、［設定］の画面を表示しておく

❶画面を下に**スクロール**

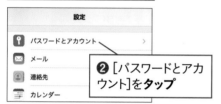

❷［パスワードとアカウント］を**タップ**

2 ［アカウントを追加］の画面を表示する

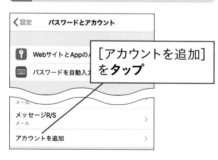

［アカウントを追加］を**タップ**

3 メールアカウントの種類を選択する

ここではパソコンのメールアカウントを追加する

［その他］を**タップ**

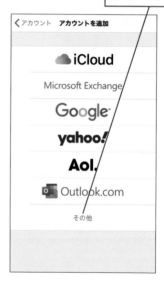

HINT **GmailとYahoo!メールは専用アプリを使おう**

GmailとYahoo!メールは手順3の画面からも設定できますが、App Storeでそれぞれ専用のメールアプリをダウンロードできます（ワザ049）。専用アプリにはメール検索などの便利な機能も搭載されています。

　●まめ知識　手順3で登録するアカウントによっては、同時に連絡先やカレンダーなども設定されます。

1 基本

2 設定

3 電話

4 メール

5 ネット

6 アプリ

7 写真

8 便利

9 疑問

4 [新規アカウント]の画面を表示する

[メールアカウントを追加]を**タップ**

5 メールアカウントを追加する

❶名前とメールアドレス、パスワード、説明を**入力**

❷[次へ]を**タップ**

HINT POPやIMAP って何?

POPやIMAPはメールを受信する方式の名前です。多くのサーバーはPOP方式を採用していますが、IMAP方式が使えるときは、IMAP方式で設定すると、パソコンなど、ほかの機器とメールを同期できるので便利です。

6 サーバーの情報を入力する

❶受信メールサーバー (IMAP/POP)を**タップ**して選択

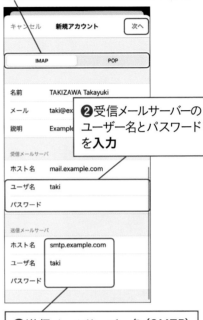

❷受信メールサーバーのユーザー名とパスワードを**入力**

❸送信メールサーバー名 (SMTP)を**入力**

[ユーザ名] と [パスワード]は必要な場合に入力する

❹画面右上の [次へ] を**タップ**

メールアカウントが追加される

033

メール

［メール］でメールを送るには

［メール］を使って、家族や友だちにメールを送ってみましょう。［メール］は iCloud（ワザ019）や携帯電話会社のメール（ワザ031）、ワザ032で設定した メールサービスのメールを送受信できます。

第4章　メールとメッセージを使いこなそう

1 ［メール］を起動する

ホーム画面を表示しておく

［メール］を**タップ**

2 メールを作成する

ここをタップすると、各メール ボックスの［受信］の画面が 表示される

ここを**タップ**

HINT 絵文字は送れないの？

iPhoneの［メール］は絵文字の送受信ができますが、相手がiPhone以外の ときは、デザインの異なる絵文字が表示されたり、絵文字を表示できない ことがあります。

1 基本

2 設定

3 電話

4 メール

5 ネット

6 アプリ

7 写真

8 便利

9 疑問

3 メールの送信先を追加する

ここを**タップ**

4 連絡先を選択する

メールを送信する連絡先を**タップ**

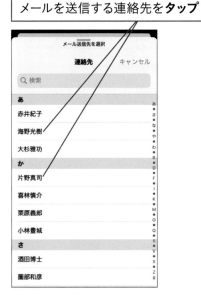

HINT　複数のメールサービスを切り替えて使える

複数のメールサービスを設定したときは、メールをメールサービスごとに表示することもできます。以下のように、左上のメールサービス名をタップすると、登録済みのメールサービスが一覧表示されます。特定のメールサービスをタップすると、そのメールサービスのメールだけを表示できます。

❶ここを**タップ**

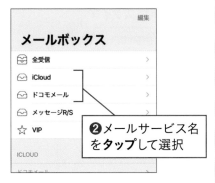

❷メールサービス名を**タップ**して選択

次のページに続く➡

5 メールを送信する

メールの送信先を追加できた

❶件名を入力　❷本文を入力

❸[↑]を**タップ**

メールが送信される

HINT 送信元のメールアドレスを変更しよう

ワザ032で複数のメールサービスを設定しているときは、手順3で［差出人］をタップすることで、どのメールアドレスからメールを送信するのかを選ぶことができます。

［差出人］のメールアドレスを選択できる

HINT 書きかけのメールを一時的に閉じておける

作成中のメールは、書きかけの状態で一時的に閉じておくことができます。ほかのメールを参照しながら、メールを作成したいときに便利です。iCloudやGmailなど、クラウド型のメールサービスでは、［キャンセル］をタップして、［下書きを保存］をタップすると、サーバーに下書きを保存することができます。

件名を下に**スワイプ**

メールが一時的に閉じ、画面の下端に件名が表示された

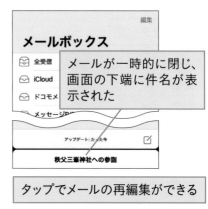

タップでメールの再編集ができる

HINT CcやBccは何に使うの?

CcやBccは同じメールを宛先以外の相手にも同時に送りたいときに利用します。宛先にも複数の相手を指定できますが、仕事の同僚など、メールの主な送り先ではないが、同じ情報を共有したいというときなどに、CcやBccを使います。Ccに指定されたメールアドレスは、メールを受け取ったすべての相手が確認できますが、Bccに指定されたメールアドレスは、Bccに指定された相手を含め、確認できません。

HINT メールの署名は変更しておこう

標準の設定では、[メール]で新規メールを作成すると、本文の最後に「iPhoneから送信」という署名が自動的に付加されます。署名を変更したり、削除したりしたいときは、[設定] - [メール]にある[署名]をタップします。複数のメールアカウントを設定しているときも共通の署名が使われるので、署名はどのアカウントでも使えるような内容にしておきましょう。

ワザ016を参考に、[設定] - [メール]の画面を表示しておく

❶画面を下にスクロール

❷[署名]をタップ

❸署名を入力

1 基本

2 設定

3 電話

4 メール

5 ネット

6 アプリ

7 写真

8 便利

9 疑問

034 メール

メール

メールに写真を添付するには

iPhoneで撮影した写真やビデオをメールに添付し、送信することができます。
写真を添付したメールを送信するときは、その写真のサイズを縮小するかどう
かを選ぶこともできます。

第4章 メールとメッセージを使いこなそう

1 写真の一覧を表示する

ワザ033を参考に、メールの
作成画面を表示しておく

❶写真を挿入する場所を
タップ

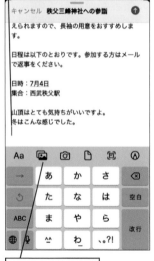

❷ここを**タップ**

アイコンが表示されないときは、
画面右の ＜ をタップする

2 添付する写真を選択する

メールの作成画面の下に、
写真の一覧が表示された

添付する写真を**タップ**

HINT 写真を選び直したいときは

手順4で添付する写真を選び直し
たいときは、もう一度、手順1の
画面中段のアイコンをタップしま
す。手順2の画面が表示されるの
で、選んだ写真をタップし、チェッ
クマークを外し、新たに添付した
い写真をタップすれば、選び直
すことができます。

●まめ知識　写真の挿入場所をロングタッチし、［写真またはビデオの挿入］をタップしても添付できます。

3 添付する写真を選択できた

選択した写真が添付された

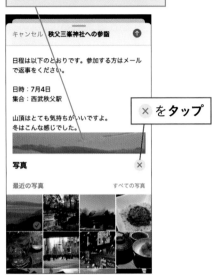

× を**タップ**

4 添付する写真を選択できた

メールの作成画面に戻った

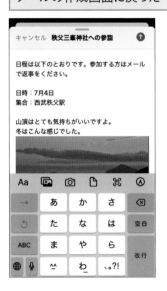

1 基本

2 設定

3 電話

4 メール

5 ネット

6 アプリ

7 写真

8 便利

9 疑問

HINT 複数の写真をまとめて添付できる

手順2の画面で複数の写真をタップすると、複数の写真をメールに添付できますが、[写真]アプリからも操作ができます。[写真]アプリを起動し、右の手順に従って、添付したい写真を選び、[メール]をタップすると、写真が添付されたメールが作成されます。

❶[カメラロール]の画面右上にある[選択]を**タップ**

❷添付する複数の写真を**タップ**して、チェックマークを付ける

❸ここを**タップ**

❹[メール]を**タップ**

受信したメールを読むには

設定されたメールサービスのメールを受信すると、メールの着信音が鳴り、画面に通知が表示されます。受信したメールは［メール］で読むことができます。一覧でメールをタップして、内容を表示しましょう。

第4章　メールとメッセージを使いこなそう

1 メールの内容を表示する

ワザ033を参考に、［メール］を起動し、［受信］の画面を表示しておく

内容を表示するメールを**タップ**

2 メールの内容が表示された

ここをタップすると、［受信］の画面が表示される

ここのボタンで前後のメールに移動できる

HINT 複数のメールボックスを切り替えて表示できる

手順1のメールの一覧画面で、左上のメールサービス名をタップすると、メールボックスの一覧が表示され、メールボックスをタップすると、そのメールボックス内のメール一覧が表示されます。複数のメールサービスを設定しているときは、［全受信］で全メールサービスのメールをまとめて表示したり、それぞれを個別に選択して、表示できます。iCloudなど一部のメールサービスでは、サーバー上のフォルダも表示されます。

HINT メールの受信間隔を変更できる

iCloudなど、一部のメールサービスは、メールの自動受信（プッシュ通知）に対応しますが、ほかのサービスは一定時間ごとに自動で新着をチェックする機能（フェッチ）で、メールを受信します。フェッチの間隔は、[設定]の画面の[パスワードとアカウント]かiOS 14以降では[メール]-[アカウント]で変更できます。

[データの取得方法]で新着メールの受信間隔を設定できる

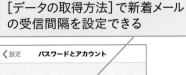

HINT メールを検索して活用しよう

受信したメールはキーワードを入力して、検索することができます。サーバー上に保存されているメールも検索できます。[メッセージ]でも同様にメッセージを検索することが可能です。

[受信]の画面を表示しておく

❶画面を下に**スワイプ**

❷[検索]を**タップ**

❸キーワードを**入力**

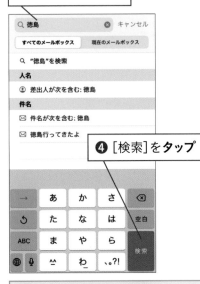

❹[検索]を**タップ**

キーワードを本文に含むメールの検索結果画面が表示される

1 基本
2 設定
3 電話
4 メール
5 ネット
6 アプリ
7 写真
8 便利
9 疑問

036

メール

差出人を連絡先に追加するには

受信したメールの差出人のメールアドレスを連絡先に登録できます。新しい連絡先として登録することもできますが、すでに登録済みの連絡先に追加で登録することもできます。

第4章 メールとメッセージを使いこなそう

1 メールの差出人の情報を表示する

ワザ035を参考に、メールの内容を表示しておく

[差出人]の名前を**タップ**

名前が黒く表示されているときは、名前をタップして青い表示にする

2 [連絡先]への追加方法を選択する

メールの差出人の情報が表示された

[新規連絡先を作成]を**タップ**

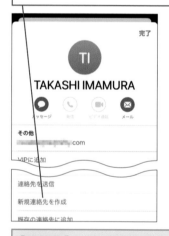

[連絡先]が起動するので、ワザ027を参考に、連絡先を登録する

HINT メール本文から連絡先に登録できる

受信したメールの本文に記載されているメールアドレスや電話番号、住所などは、リンクとして青く表示されることがあります。リンクをロングタッチして、[連絡先に追加]を選ぶと、連絡先に追加できます。同じメールに記載されているほかの項目も自動で入力されるので、内容を確認してから登録しましょう。

037

メッセージ

［メッセージ］で
メッセージを送るには

メッセージ

［メッセージ］ではSMSとMMS、iMessageを利用できます。入力した宛先に合わせ、自動的に最適なメッセージ機能が選択され、宛先の色や本文入力欄で、どの機能で送信するのかを確認できます。

1 ［メッセージ］を起動する

［メッセージ］を**タップ**

新機能についての画面が表示されたときは、［続ける］をタップする

2 メッセージを作成する

ここを**タップ**

HINT **アニ文字やミー文字って何？**

「アニ文字」は、自分の表情を反映させたCGアニメーションをiMessageで送信できる機能で、最新のiPhoneが対応しています。顔のパーツを選んで、自分に似せたCGキャラクターを作る「ミー文字」という機能も利用できます。

HINT **メッセージに写真を添付できる**

MMSやiMessageはメッセージに写真やビデオを添付して、送信できます。メッセージの作成画面で 📷 をタップすると、カメラが起動するので、写真を撮影し、添付できます。また作成画面で ⦿ をタップすると、iPhoneに保存されている写真やビデオを選んで、送信できます。

次のページに続く——➤

3 メッセージの送信先を追加する

ここを**タップ**

ここをタップすると、iMessageでは
アニ文字が作成できる

4 連絡先を選択する

メッセージを送信する連絡先
を**タップ**

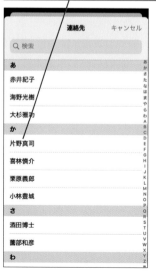

5 送信先を選択する

連絡先の詳細画面が表示された

送信先を**タップ**

6 メッセージを送信する

メッセージの送信先が追加された

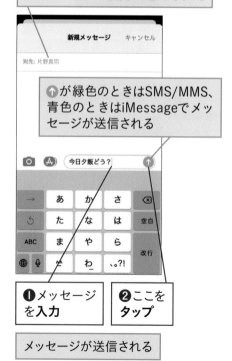

↑が緑色のときはSMS/MMS、
青色のときはiMessageでメッ
セージが送信される

❶メッセージ
を入力

❷ここを
タップ

メッセージが送信される

038

メッセージ

受信したメッセージを
読むには

メッセージ

[メッセージ]がメッセージを受信すると、通知音が鳴り、新着通知が表示されます。iPhoneがスリープ状態だったり、ほかのアプリを使っているときでもメッセージは自動的に受信されます。

1 基本

2 設定

3 電話

4 メール

5 ネット

6 アプリ

7 写真

8 便利

9 疑問

メッセージの確認

1 メッセージの内容を表示する

標準の設定ではメッセージを
受信すると、バナーとバッジで
通知される

[メッセージ]
を**タップ**

バナーをタップ
してもいい

2 メッセージが表示された

会話のような吹き出しで
メッセージが表示された

ここにメッセージを入力すると、
返信できる

HINT 新着メッセージはロック画面などにも通知が表示される

新着通知がどのように表示されるかは、ワザ088で説明している通知の設定内容によります。ロック画面に表示しないようにしたり、通知センターにまとめて表示するかどうかも設定できるので、自分の使い方に合わせた設定に変更しておきましょう。

039

メッセージ

メッセージを削除するには

受信したメッセージは削除する必要はありませんが、不要なメッセージや人に読まれたくないメッセージは、下記の手順で削除できます。削除したメッセージは元に戻せないので、よく確認してから削除しましょう。

第4章　メールとメッセージを使いこなそう

1 削除するメッセージを選択する

ワザ037を参考に、［メッセージ］の画面を表示しておく

❶削除するメッセージを含む宛先を**タップ**

メッセージの内容が表示された

❷メッセージを**ロングタッチ**

注意 削除の操作はやり直すことができません。メッセージを削除する前に、メッセージの内容をよく確認して、慎重に操作してください

2 メッセージを削除できるようにする

オプションが表示された

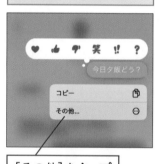

［その他］を**タップ**

3 メッセージを削除する

❶削除するメッセージを**タップ**して、チェックマークを付ける

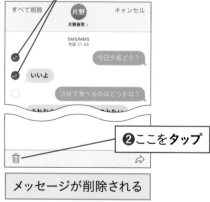

❷ここを**タップ**

メッセージが削除される

●まめ知識　［メッセージ］では受信メッセージを左にスワイプすると、送受信の時刻を確認できます。

040

+メッセージ

+メッセージ

［＋メッセージ］を利用するには

「＋メッセージ」はNTTドコモ、au、ソフトバンクが共同で提供するメッセージサービスです。SMS同様に電話番号を宛先として使いますが、ここで解説する初期設定をしないと、ほかの人からの＋メッセージを受信できません。

［＋メッセージ］のダウンロードと初期設定

1 ［＋メッセージ］のアプリを入手する

ワザ048を参考に、アプリをダウンロードする準備をする

ワザ049を参考に、［App Store］で［＋メッセージ］を検索しておく

［入手］を**タップ**

NTTドコモとauの場合は、ワザ020を参考にプロファイルをインストールして、ホーム画面の［＋メッセージ］のアイコンをタップしてもいい

2 ［＋メッセージ］のアプリを開く

［＋メッセージ］のアプリがダウンロードされた

［開く］を**タップ**

3 初期設定を開始する

ワザ016を参考に、Wi-Fi（無線LAN）をオフにしておく

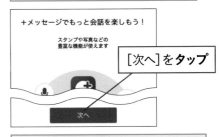

［次へ］を**タップ**

次の画面でも［次へ］をタップする

次のページに続く⟶

1 基本

2 設定

3 電話

4 メール

5 ネット

6 アプリ

7 写真

8 便利

9 疑問

4 連絡先へのアクセスを許可する

連絡先へのアクセスを求める確認
画面が表示された

[OK]を**タップ**

5 通知の送信を許可する

通知を送信するかを確認する
画面が表示された

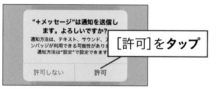

[許可]を**タップ**

6 利用規約を確認し、同意する

利用規約が表示された

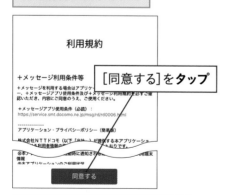

[同意する]を**タップ**

設定完了の画面が表示されたら
[OK]をタップする

7 アプリの紹介画面を確認する

[スキップ]を**タップ**

続いて表示される画面でも同様に、
[スキップ]をタップする

8 プロフィールを設定する

❶名前とひと言を
入力

❷[次へ]を
タップ

初期設定が完了し、[+メッセージ]
の[メッセージ]の画面が表示される

●まめ知識　＋メッセージは2018年5月から開始されたメッセージサービスです。

［＋メッセージ］のメッセージの送信

1 新しいメッセージを作成する

［＋メッセージ］を起動し、［メッセージ］の画面を表示しておく

❶ここを**タップ**

ここでは1人にメッセージを
送信する

❷［新しいメッセージ］を**タップ**

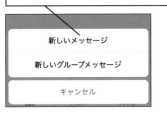

2 送信相手を指定する

［新しいメッセージ］の画面が
表示された

ここでは電話番号を直接指定
して、メッセージを送信する

❶電話番号を**入力**

❷［直接指定］を**タップ**

3 送信相手を招待する

相手を［＋メッセージ］に招待する
かを確認する画面が表示された

［招待する］を**タップ**

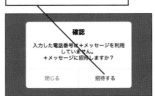

ワザ037〜038の操作を参考に、
メッセージを送受信する

1 基本

2 設定

3 電話

4 メール

5 ネット

6 アプリ

7 写真

8 便利

9 疑問

COLUMN

iPhoneで生活を快適に！自宅で役立つアプリ

移動中に便利なiPhoneですが、家にいるときに便利なアプリも数多く存在します。在宅勤務などで外出機会が減っている人は、こうしたアプリも活用し、自宅での生活を快適にしていきましょう。

●本日は何をいただきますか？

UberEats
料理のデリバリーサービス。近隣のさまざまなレストランから食事を宅配オーダーができる

●ヘルシー料理を定期で宅配

nosh
低糖質や低塩分など健康志向の調理済み冷凍食の宅配サービス。外食より健康で手間もかからない

●自炊に役立つレシピ動画

クラシル
レシピ動画アプリ。複雑な工程や調理器具を必要としない簡単レシピは自炊初心者にも最適

●運動不足もアプリで解消

Nike Training Club
筋トレや有酸素運動、ストレッチを行うためのアプリ。運動不足の解消に最適

第5章

インターネットを自在に使おう

iPhoneでWebページを見よう

Webページの閲覧には［Safari］を使います。はじめて起動したときは、手順2の画面が表示されます。ここで解説する手順のほかに、キーワード検索やURLを入力して、Webページを表示することができます。

第5章　インターネットを自在に使おう

Webページの表示

1 [Safari]を起動する

[Safari]を**タップ**

2 [Safari]が起動した

ここでは［お気に入り］に登録されているアップルのWebページを表示する

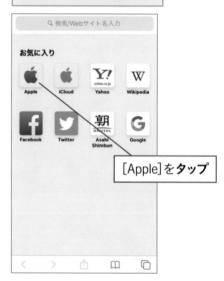

[Apple]を**タップ**

HINT　自動的に新しいタブが開くこともある

通常、Webページのリンクをタップすると、リンク先のWebページがそのまま表示されます。しかし、Webページによっては、リンクをタップすると、新たに開かれたタブに表示されることがあります。タブを切り替えたり、タブを閉じたりする操作は、ワザ043を参照してください。

HINT 左右にスワイプして戻ったり、進んだりできる

画面の両端から左、もしくは右にスワイプすると、Webページの移動ができます。左端から右にスワイプすると前のページに、その状態で右端から左にスワイプすると、直前に表示していたページに移動します。

HINT Webページの先頭をすばやく表示できる

検索結果や掲示板、ブログ、ニュースなどを下段まで読み進めた後、再びWebページの先頭（最上段）に戻りたいときは、ステータスバー（24ページ）をタップしましょう。Webページの一番上の画面が表示されます。このステータスバーをタップして画面の先頭を表示する操作は、［Safari］以外のアプリでも使えるので、覚えておきましょう。

| 1 基本 |
| 2 設定 |
| 3 電話 |
| 4 メール |
| 5 ネット |
| 6 アプリ |
| 7 写真 |
| 8 便利 |
| 9 疑問 |

3 Webページが表示された

リンクを**タップ**

4 リンク先のWebページが表示された

ここをタップすると、直前に表示していたWebページに戻る

次のページに続く───→

Webページの拡大表示

1 Webページを拡大表示する

拡大する部分を**ダブルタップ**

Webページによっては拡大
できないこともある

2 Webページが拡大表示された

同じ場所をもう一度、
ダブルタップすると、
元の倍率で表示される

HINT 倍率を調整したいときはピンチ操作が便利

Webページが表示される大きさを自由に変更したいときは、2本の指で操作するピンチ操作（ワザ004）で、拡大／縮小できます。片手でWebページを拡大表示したいときはダブルタップ、両手で拡大／縮小したいときはピンチ操作と使い分けてもいいでしょう。

[Safari]の画面構成

❶表示方法についてのメニューを表示できる

❷検索フィールド
URLでWebページを表示したり、キーワードで検索したりできる

❸表示されているWebページを再読み込みできる

❹直前に表示していたWebページに戻れる

❺Webページを戻ったとき（❹の操作後）、直前に表示していたWebページに進める

❻共有やブックマーク追加などのメニューを表示できる

❼登録済みのブックマークやリーディングリスト、履歴を表示できる

❽タブの切り替えや新しいタブの表示ができる

HINT 「位置情報の利用を許可しますか?」と表示されたときは

現在地近くのコンビニを検索するときなど、位置情報と連動したWebページでは、「使用中に位置情報の利用を許可しますか?」と表示されることがあります。［許可］をタップすると、現在地を基にした検索結果を表示するなど、位置情報を使ったWebページの機能が使えるようになります。

［Appの使用中は許可］を**タップ**

1 基本
2 設定
3 電話
4 メール
5 ネット
6 アプリ
7 写真
8 便利
9 疑問

042

Safari

Webページを検索するには

Webページを検索したいときは、[Safari] の検索フィールドにキーワードを入力します。Google検索の結果だけでなく、入力したキーワードにマッチした情報やブックマークなども表示されます。

第5章 インターネットを自在に使おう

1 キーワードを入力できるようにする

ワザ041を参考に、[Safari] を起動しておく

❶URLの表示をタップ

検索フィールドが表示された

❷検索フィールドをタップ

2 検索を実行する

URLが反転し、検索フィールドに文字を入力できる状態になった

❶キーワードを入力

[Google検索] の下に予測候補が表示される

❷[開く]をタップ

[英語]のキーボードでは[Go]をタップする

　●まめ知識　手順2で⊗をタップすると、検索フィールドのURLや文字をすべて一度に削除できます。

3 Googleの検索結果が 表示された

リンクをタップして、Webページを
表示できる

HINT URLを直接、入力する こともできる

手順2の検索フィールドには、
URLを入力して、Webページを
表示することができます。URL
は主に英数字を使うので、ワザ
012を参考に、キーボードを［英
語］に切り替えます。URLは1文
字でも間違えると、目的のWeb
ページは表示されないので、よ
く確認しながら、入力しましょう。

HINT Webページ内の文字を検索できる

検索フィールドでは表示している
Webページ内を検索することがで
きます。Webページを表示した状
態で、検索フィールドにキーワード
を入力すると、そのWebページ内
にキーワードと一致する件数が表
示されます。［“〜”を検索］（〜
は入力したキーワード）をタップす
ると、Webページ内のキーワード
が黄色くハイライトされて表示され
ます。ニュースや掲示板など、文
字の多いWebページ内で検索した
いときなどに便利です。

手順2の画面を表示しておく

検索するキーワード
を入力

キーワードに一致する項目が
Webページにあれば、一致し
た件数が表示される

1 基本

2 設定

3 電話

4 メール

5 ネット

6 アプリ

7 写真

8 便利

9 疑問

043

Safari

リンク先をタブで表示するには

[Safari]には複数のWebページを別々の「タブ」で開き、切り替えながら表示する機能があります。ニュースサイトやショッピングサイトなど、表示中のページを開いたまま、複数のページを見比べたいときに便利です。

第5章 インターネットを自在に使おう

新しいタブで表示

1 リンクのオプションを表示する

ここではリンク先のWebページを新しいタブで表示する

リンクを**ロングタッチ**

2 リンクのオプションが表示された

リンク先が一時的に表示される

[新規タブで開く]を**タップ**

HINT　電話番号や地図などはアプリが起動して表示される

Webページのリンク先によっては、[電話][マップ][メール]など、別のアプリが起動することがあります。リンク先に応じて、選択肢が変わるので、やりたい操作を選びましょう。

3 タブの一覧が表示された

タブの一覧が一瞬
表示される

4 リンク先が新しいタブで表示された

1 基本

2 設定

3 電話

4 メール

5 ネット

6 アプリ

7 写真

8 便利

9 疑問

タブの切り替え

1 タブの一覧を表示する

前ページの手順を参考に、Webページを複数のタブで表示しておく

ここを**タップ**

2 タブを切り替える

表示するWebページを**タップ**

次のページに続く──→

3 タブが切り替わった

タブが切り替わって、Webページが
表示された

手順2の画面で任意のタブを左
にスワイプすると、閉じること
ができます。また、タブの左上に
ある[×]をタップして、閉じるこ
ともできます。不要なタブは閉じ
るようにしておきましょう。

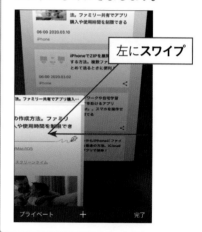

左に**スワイプ**

[Safari]の画面右下にある⬚を
タップし、中央の[＋]をタップする
と、新規タブが表示されます。現
在表示しているWebページを残した
まま、ほかのことを調べたいときは、
新規タブで新しいWebページを表
示すると便利です。[＋]をロング
タッチすると、[最近閉じたタブ]
の画面が表示され、閉じたタブを
もう一度、開くことができます。

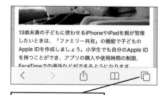

❶ここを**タップ**

❷ここを**タップ**

文字が中心のWebページを読みやすく表示できる

記事や小説など、Webページの情報を集中して読みたいときは、「リーダー」の表示が便利です。本文部分を拡大したり、余計なデザイン要素を非表示にしたりすることで、文字や画像が見やすくなります。

❶ここを**タップ**

❷[リーダーを表示]を**タップ**

「リーダー」の表示に切り替わった

❸ここを**タップ**

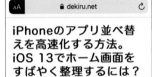

[リーダーを非表示]をタップすると、元の画面が表示される

フォントを変更できる

1 基本

2 設定

3 電話

4 メール

5 ネット

6 アプリ

7 写真

8 便利

9 疑問

044

Safari

Webページを後で読むには

ニュースサイトやブログなど、毎日チェックするようなWebサイトは、「ブックマーク」に保存しておくと、ワンタップですぐに表示できます。検索する手間が省けて便利です。

第5章　インターネットを自在に使おう

ブックマークの追加

1 [Safari]のオプションを表示する

ブックマークに追加するWebページを表示しておく

ここを**タップ**

2 ブックマークを追加する

[Safari]のオプションが表示された

❶ [ブックマークを追加]を**タップ**

ブックマークの名前は自由に設定できる

❷ [保存]を**タップ**

Webページのブックマークを追加できた

●まめ知識　手順2の上画面で［お気に入りに追加］をタップすると、お気に入りに直接保存できます。

ブックマークの表示

1 [ブックマーク]の画面を表示する

ここではブックマークの一覧を表示する

ここを**タップ**

2 ブックマークを表示する

[お気に入り]を**タップ**

3 Webページを表示する

表示するWebページのブックマークを**タップ**

Webページが表示される

HINT ブックマークをすばやく表示するには

ホーム画面の[Safari]のアイコンをロングタッチして、[ブックマークを表示]まで指をスライドさせてから指を離すことでも[ブックマーク]を表示できます。

[Safari]をロングタッチすると、ブックマークなどをすばやく表示できる

1 基本
2 設定
3 電話
4 メール
5 ネット
6 アプリ
7 写真
8 便利
9 疑問

045

Safari

Webページを
共有／コピーするには

[Safari]で表示しているWebページをほかの人と共有したいときは、このレッスンの手順でWebページのURLをメールで送るか、Webページ上の文章をコピーし、メールなどにペーストして送るといいでしょう。

第5章 インターネットを自在に使おう

WebページのURLをメールで送信

1 メールの作成画面を表示する

Webページを表示しておく

❶ここを**タップ**

❷[メール]を**タップ**

2 メールが作成された

メールが作成され、本文にWebページのURLが入力された

HINT **アプリによって表示される内容は変わる**

手順1の下の画面に表示される共有の項目は、インストールされているアプリによって、変わります。たとえば、SNSのアプリをインストールすると、そのSNSで共有する項目が追加されることもあります。

Webページの文字をコピー

1 文字を選択する

文字をコピーするWebページを
表示しておく

文字を**ロングタッチ**

2 コピーする範囲を指定する

❶画面から
指を離す

操作のメニューが
表示された

選択範囲の両端にグラブポイント
が表示された

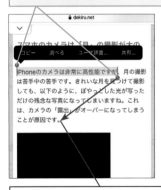

❷グラブポイントを**ドラッグ**して
文字を選択

3 文字をコピーする

❶画面から
指を離す

❷［コピー］を
タップ

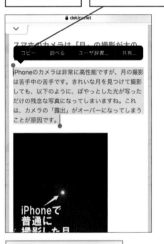

文字がコピーされる

42ページを参考に、［メモ］などほか
のアプリに文字をペーストできる

HINT 文字と画像をいっしょ
にコピーできる

一般的に、Webページは文字と
画像が混在しています。手順2で、
選択範囲を上下左右に広げると、
Webページにある画像やWeb
ページへのリンクをいっしょに選
択してコピーし、ほかのアプリに
ペーストできます。ただし、ペース
ト先のアプリが画像やリンクに対
応してないときは、正しくコピーさ
れないので注意しましょう。

---

1 基本

2 設定

3 電話

4 メール

5 ネット

6 アプリ

7 写真

8 便利

9 疑問

スクリーンショットを撮るには

地図やWebページなど、画面に表示された情報をメモとして保存しておきたいときは、スクリーンショットを使うと便利です。特定のボタンを操作することで、画面の表示内容を画像として簡単に保存できます。

第5章 インターネットを自在に使おう

スクリーンショットの作成

1 表示中の画面で
スクリーンショットを作成する

ここでは［マップ］の画面を
画像として保存する

ワザ054を参考に、［マップ］
で地図を表示しておく

サイドボタンとホームボタンを
同時に**押して、すぐ離す**

2 スクリーンショットが作成できた

作成したスクリーンショットの縮小
画面が一時的に表示される

何もしなければ、そのまま
画像として保存される

縮小画面をタップすると、次
ページの編集画面に進む

スクリーンショットをその場で編集

1 編集画面でスクリーンショットを編集する

前ページの手順2の画面で、左下の縮小画面をタップしておく

ここでは画面に手描きで印を付ける

❶ペンのアイコンを**タップ**

❷ここを**タップ**し、色を赤に設定

2 スクリーンショットの編集を終了する

❶赤いペンで**描く**

❷画面左上の[完了]を**タップ**

❸["写真"に保存]を**タップ**

加工した画像が保存される

HINT [写真]のアプリで確認できる

保存したスクリーンショットは、ワザ069の[写真]のアプリを使うことで、後から表示できます。[アルバム]の[スクリーンショット]を開いてみましょう。

HINT 画面を動画として保存できる

iPhoneでは画面操作を動画として、保存することができます。まず、[設定]の画面で[コントロールセンター]をタップし、[画面収録]の➕をタップして、機能をコントロールセンターに追加します。その後、コントロールセンターを表示して、[画面収録]のアイコンをタップすると、録画が開始されます。

1 基本
2 設定
3 電話
4 メール
5 ネット
6 アプリ
7 写真
8 便利
9 疑問

047

Apple Books

PDFを保存するには

[Safari]はPDF形式のファイルを表示することができ、表示したPDFファイルを[Apple Books]（[ブック]）のアプリに保存できます。保存したPDFファイルは、[Apple Books]を起動すれば、いつでも表示することができます。

第5章 インターネットを自在に使おう

PDFの保存

1 PDFを[Apple Books]にコピーする

[Safari]でPDFのリンクをタップし、表示しておく

❶ここを**タップ**

❷[ブックにコピー]を**タップ**

2 PDFが[Apple Books]に保存された

[はじめよう]の画面が表示されたときは、[続ける]をタップする

[Apple Books]が起動し、PDFがiPhoneに保存された

画面をタップすると、操作メニューが表示される

ここをタップすると、iPhoneに保存されたPDFを確認できる

●まめ知識　PDFの閲覧には「Adobe Reader」などのアプリもおすすめです。

iPhoneに保存したPDFの表示

1 [Apple Books]を起動する

[ブック]を**タップ**

2 新しく保存されたPDFが表示された

| PDFを**タップ** | PDFが表示される |

[ライブラリ] をタップすると、保存されたPDFの一覧が表示できる

右側インデックス：
1 基本
2 設定
3 電話
4 メール
5 ネット
6 アプリ
7 写真
8 便利
9 疑問

HINT Webページの画像を保存するには

Webページの画像を保存したいときは、画像をロングタッチして、オプションから ["写真"に追加]をタップします。保存した画像は [写真]のアプリなどで表示できます。ただし、保存が禁止されている画像は ["写真"に追加]が表示されません。

HINT 本書の電子版をiPhoneで持ち歩ける

本書を購入した人は、本書の電子版 (PDF版) をダウンロードできます。ダウンロードしておけば、iPhoneでいつでも本書を読むことができるようになります。ダウンロード方法は13ページを参照してください。

COLUMN

定額サービスで読み放題や
聴き放題、見放題を楽しもう!

スマートフォン向けには音楽や電子書籍や音楽、映画などを定額料金で楽しめるサービスが数多く提供されています。いつでもどこでも好きなときに、自由に楽しめるので、各社のサービスをチェックしてみましょう。

●最新の雑誌が読み放題

dマガジン
月額400円
250誌以上の多彩なジャンルの人気雑誌の最新号とバックナンバーがいつでも読み放題

●世界最大のストリーミングサービス

Netflix
月額800円〜
映画や国内外のドラマなどをいつでも視聴可能。Netflixオリジナルの映画やドラマも充実

●好みの音楽をいつでも

Spotify
月額980円
5000万曲以上もの楽曲を楽しめる音楽配信サービス。無料プランもあり、手軽にはじめられる

●Appleの見放題サービス

Apple TV+
月額600円
Apple制作のオリジナル作品を見放題で楽しめるサービス。[TV] アプリを使って楽しめる

第6章

アプリを活用しよう

048

App Store

ダウンロードの準備をするには

iPhoneにアプリや音楽をダウンロードするには、Apple IDでのサインインや支払い方法の登録が必要です。［App Store］から登録しておきましょう。支払いにはクレジットカードのほか、App Store & iTunesギフトカードも使えます。

第6章 アプリを活用しよう

App Store/iTunes Storeへのサインイン

1 ［App Store］を起動する

［App Store］を**タップ**

［App Storeの新機能］の画面が表示されたときは、［続ける］をタップする

位置情報の利用に関する確認画面が表示されたときは、［許可］をタップする

2 ［アカウント］の画面を表示する

ここを**タップ**

3 iTunes Storeにサインインする

❶ Apple IDとパスワードを**入力**

❷ ［サインイン］を**タップ**

❸ ［完了］を**タップ**

●まめ知識 　iTunesギフトカードからチャージした金額はアプリの購入だけでなく、曲の購入にも使えます。

支払い方法の登録

1 App Store/iTunes Storeの請求先情報を登録する

はじめてApp Store/iTunes Storeを利用するときは、確認の画面が表示される

[レビュー]を**タップ**

> サイ
> このApple IDは、iTunes Store
> で使用されたことがありませ
> ん。
> 「レビュー」をタップしてサインインして
> から、アカウント情報を確認します。
>
> キャンセル　　レビュー

パスワードの入力画面が表示されたときは、パスワードを入力してサインインする

2 利用する国とサービス規約を確認する

❶ [日本]が選択されていることを**確認**

ここをタップして、利用規約を確認しておく

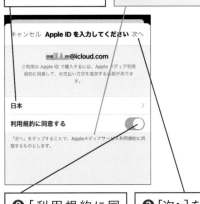

キャンセル **Apple ID を入力してください** 次へ

＊＊＊＊＊＊@icloud.com

ご利用の Apple ID で購入するには、Apple メディア利用規約に同意して、お支払い方法を追加する必要があります。

日本　　　　　　　　　　　　　　　　　＞

利用規約に同意する　　　　　　　　　◯

「次へ」をタップすることで、Appleメディアサービス利用規約に同意するものとします。

❷ [利用規約に同意する]のここを**タップ**して、オンに設定

❸ [次へ]を**タップ**

3 支払い方法を選択してフリガナを入力する

クレジットカードを利用するときは、[クレジット/デビットカード]をタップする

❶ [なし] にチェックマークが付いていることを**確認**

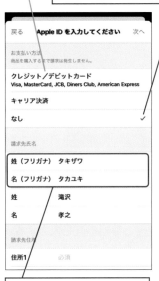

戻る　　**Apple ID を入力してください**　　次へ

お支払い方法
商品を購入すまで請求は発生しません。

クレジット/デビットカード
Visa, MasterCard, JCB, Diners Club, American Express

キャリア決済

なし　　　　　　　　　　　　　　　✓

請求先氏名

姓（フリガナ）　タキザワ

名（フリガナ）　タカユキ

姓　　　　　　　滝沢

名　　　　　　　孝之

請求先住所

住所1　　　　　必須

❷名前のフリガナを**入力**

ワザ018で設定した名前を確認する

❸画面を下に**スクロール**

次のページに続く⟶

1 基本
2 設定
3 電話
4 メール
5 ネット
6 アプリ
7 写真
8 便利
9 疑問

4 住所を設定する

❶市区町村までの住所を**入力**

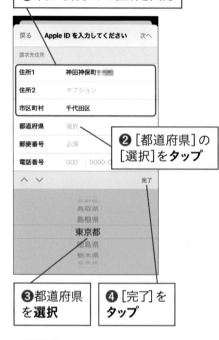

❷[都道府県]の
[選択]を**タップ**

❸都道府県
を**選択**

❹[完了]を
タップ

5 郵便番号と電話番号を入力する

❶郵便番号と電話
番号を**入力**

❷[次へ]を
タップ

6 Apple IDの情報が入力できた

請求先情報の登録が終了した

Apple ID作成完了

██████@icloud.com
が、Appleのすべてのサービスへのアクセスに
使用できるようになりました。

続ける

[続ける]を**タップ**

[App Store]の画面に戻る

HINT App Store & iTunes
ギフトカードって何?

App Store & iTunesギフト
カ ー ド はiTunes StoreやApp
Storeで の 購 入 に 利 用 で き る
プリペイドカードです。家電量
販店やコンビニエンスストアの
ほか、App Storeやオンライン
ショップでも購入できます。カー
ド裏面に記載のコードを登録す
ると、額面の金額をチャージで
きます。

●まめ知識　一度チャージしたコードは無効になるので、使用済みのカードはそのまま処分できます。

iTunesギフトカードを利用したApple IDへのチャージ

1 コードの入力画面を表示する

❶画面を下に**スクロール**

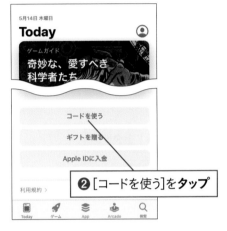

❷[コードを使う]を**タップ**

2 入力方法を選択する

iTunesギフトカードの裏面の銀のテープをはがしておく

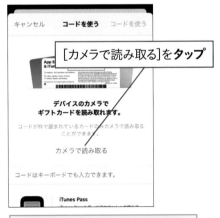

[カメラで読み取る]を**タップ**

パスワード入力画面が表示されたときは、パスワードを入力して[サインイン]をタップする

3 コードをカメラで読み取る

iTunesギフトカードの裏面のコードに**カメラを向ける**

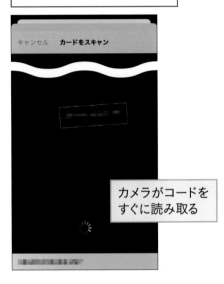

カメラがコードをすぐに読み取る

4 Apple IDへのチャージが完了した

iTunesギフトカードから金額がチャージされた

[完了]を**タップ**

1 基本
2 設定
3 電話
4 メール
5 ネット
6 アプリ
7 写真
8 便利
9 疑問

App Store

アプリを探すには

App Storeでアプリを探してみましょう。ここで説明したように、アプリの名前で探すこともできますが、「写真加工」などの使いたい機能、「SNS映え」などの目的をキーワードに指定して探すこともできます。

第6章 アプリを活用しよう

アプリの検索

1 アプリの検索画面を表示する

ワザ048を参考に、[App Store]を起動し、サインインしておく

必要に応じて、ワザ016を参考にWi-Fi（無線LAN）に接続しておく

[検索]を**タップ**

2 アプリの検索画面が表示された

検索フィールドを**タップ**

人気のキーワードをタップすると、アプリを検索できる

HINT QRコードでもアプリを探せる

Webページや雑誌などで、アプリの紹介といっしょにQRコードが表示されているときは、[カメラ]でQRコードを読み取り、画面上に表示されたメッセージをタップすることで、アプリのページを表示できます。

1 基本

2 設定

3 電話

4 メール

5 ネット

6 アプリ

7 写真

8 便利

9 疑問

3 キーワードを入力して検索を実行する

① キーワードを入力

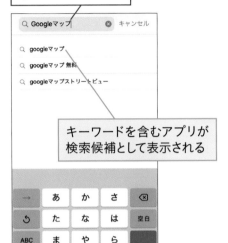

キーワードを含むアプリが
検索候補として表示される

② [検索]をタップ

4 キーワードに一致するアプリが表示された

アプリ名をタップすると、アプリの
詳細情報を表示できる

画面を上下にスワイプすると、ほか
のアプリの情報が表示される

App Storeの画面構成

❶Today
[Today]の画面を表示する

❷ゲーム
[ゲーム]の画面を表示する

❸App
おすすめアプリなどを表示する

❹Arcade
ゲームが遊び放題になる月額制のサービス

❺検索
検索フィールドでキーワードからアプリ
を検索できる

App Store

アプリをダウンロードするには

App Storeで気に入ったアプリを見つけたら、ダウンロードしてiPhoneで使える
ようにしましょう。データ容量の大きなアプリはWi-Fi（無線LAN）でしかダウン
ロードできないこともあるので、注意してください。

1 ダウンロードするアプリを確認する

139ページを参考に、インストールするアプリを検索しておく

［入手］を**タップ**

有料アプリのときは価格が表示される

2 アプリをインストールする

画面下にインストールの確認画面が表示された

［インストール］を**タップ**

有料アプリのときは、次の画面で
［購入する］と表示される

HINT 指紋認証（Touch ID）でパスワードの入力を省ける

手順3のApple IDのパスワード入力には、代わりにTouch IDによる指紋認
証も使えます。Touch IDの画面が表示されたら、ホームボタンに指を当て
て認証しましょう。パスワードを入力する手間が省け、すばやくアプリをダ
ウンロードできます。ワザ081を参考に、Touch IDを設定しましょう。

1 基本

2 設定

3 電話

4 メール

5 ネット

6 アプリ

7 写真

8 便利

9 疑問

HINT アプリを更新するには

アプリは新しいバージョンが公開されたタイミングで、自動的に最新版に更新されます。ただし、タイミングによっては自動的に更新されないことがあります。Wi-Fi接続で、時間に余裕があるときなどに、App Storeの右上のユーザーアイコンをタップして手動でアップデートしておきましょう。アップデートでパケット通信量が無駄に消費されたり、意図しないタイミングでの更新を避けられます。

ワザ048を参考に、[アカウント]の画面を表示しておく

更新予定のアプリが表示される

---

3 Apple IDのパスワードを入力する

❶ パスワードを入力

❷ [サインイン]をタップ

[完了]と表示される

---

4 パスワードの入力頻度を選択する

[15分後に要求]を**タップ**

[常に要求]をタップすると、ダウンロードのたびにパスワードの入力が必要になる

インストールが開始される

次のページに続く——➡

5 インストールしたアプリを確認する

インストールが完了すると、ボタンの表示が［開く］に切り替わる。タップすると、アプリを起動できる

ホームボタンを**押す**

6 ダウンロードしたアプリが表示された

インストールしたアプリのアイコンがホーム画面に追加された

HINT 購入したアプリは再ダウンロードできる

購入したアプリは、無料で再ダウンロードできます。下の手順を参考に、iPhoneにインストールされていない購入済みのアプリから、目的のアプリを選んで、再インストールしましょう。同じApple IDを使っていれば、iPadなど、ほかの端末で購入したアプリもダウンロードすることができます。

ワザ048を参考に、［アカウント］の画面を表示しておく

❶ ［購入済み］を**タップ**

❷ ［このiPhone上にない］を**タップ**

❸再ダウンロードするアプリのここを**タップ**

アプリが再ダウンロードされる

●まめ知識　iPad専用アプリはiPhoneで使えませんが、iPhone専用アプリはiPadでも使えます。

アプリを並べ替えるには

ホーム画面に配置されているアプリのアイコンを並べ替えて、アプリを使いやすくしてみましょう。よく使うアプリをまとめて配置したり、アプリの種類ごとに並べたりすることで、iPhoneがより使いやすくなります。

1 アイコンを並べ替えられるようにする

❶任意のアイコンを**ロングタッチ**

アプリの説明とメニューが表示された

❷[ホーム画面を編集]を**タップ**

アイコンをロングタッチしたままドラッグしても移動できる

2 アイコンを並べ替える

アイコンが波打つ表示になった

❶アイコンを移動先まで**ドラッグ**

❷ホームボタンを**押す**

次のページに続く⟶

3 アイコンの並べ替えができた

アイコンの配置が変更できた

HINT ホーム画面が追加されることがある

アプリをダウンロードしたときに、ホーム画面にアイコンを配置するスペースがない場合は、ホーム画面に新しいページが追加され、そこにダウンロードしたアプリが配置されます。ホーム画面に追加したアプリが見当たらないときは、ホーム画面をスワイプして、ページを切り替えてみましょう。

HINT Dockのアプリも入れ替えられる

ホーム画面の最下段に表示されているDockには、購入時に［電話］［Safari］［メッセージ］［ミュージック］が登録されています。このDockのアイコンは、ほかのアプリのアイコンやフォルダに入れ替えることができます。Dockはホーム画面を切り替えても常に同じものが表示されるので、カメラやSNS用のアプリなど、自分がよく使うアプリを登録しておくと便利です。

前ページの操作で、Dockのアプリも自由に入れ替えられる

iOS

アプリをフォルダにまとめるには

ホーム画面にたくさんのアプリが配置されているときは、フォルダを使って、アプリを整理しましょう。同じカテゴリーのアプリをまとめたり、使わないアプリを片付けたりしておけば、ホーム画面もすっきり見やすくなります。

1 フォルダを作成する

ワザ051を参考に、アイコンが波打つ表示にしておく

まとめるアプリのアイコンをほかのアプリのアイコンの上に**ドラッグ**

2 フォルダが作成された

ここをタップすると、フォルダ名を変更できる

フォルダの外を**タップ**

ホームボタンを押すと、通常の状態に戻る

HINT フォルダを上手に活用しよう

フォルダを使うと、ホーム画面を整理しやすくなります。たとえば、用途別にアプリをまとめたり、アイコンの数を少なくしたりして、壁紙を見やすくできます。1つのフォルダに最大135個のアプリを登録できるので、たくさんのアプリがある場合でも1つのホーム画面だけにまとめることもできます。

HINT フォルダを削除するには

フォルダを削除したいときは、フォルダからすべてのアプリを外にドラッグします。フォルダからアプリがなくなると、自動的にフォルダが削除されます。

1 基本

2 設定

3 電話

4 メール

5 ネット

6 アプリ

7 写真

8 便利

9 疑問

053

iOS

App Store

アプリを削除するには

iPhoneにインストールしたアプリは削除できます。不要なアプリや使わないアプリがたくさんあるときは、アプリを削除して本体ストレージの容量を節約しましょう。

第6章 アプリを活用しよう

1 削除するアプリを選択する

ワザ051を参考に、アイコンが波打つ表示にしておく

ここを**タップ**

⊗が表示されないアプリは削除できない

2 アプリを削除する

[削除]を**タップ**

ホームボタンを押すと、通常の状態に戻る

HINT iOS 14以降の場合は

iOS 14以降では手順1で⊗ではなく⊖が表示されます。また、手順1の後に[Appを削除（アプリを完全削除）]と[ホーム画面から取り除く（アイコンのみ削除）]を選択する画面が表示されます。

●まめ知識 アプリの価格は為替相場などに応じて、変更されることがあります。

054

マップ

マップの基本操作を知ろう

旅行や待ち合わせなど、外出するときに便利な地図アプリを活用しましょう。iPhoneには［マップ］が搭載されているので、すぐに地図を表示できます。まずは、拡大や縮小などの基本操作を覚えておきましょう。

1 基本

2 設定

3 電話

4 メール

5 ネット

6 アプリ

7 写真

8 便利

9 疑問

1 ［マップ］を起動する

［マップ］を**タップ**

［マップの新機能］の画面が表示されたときは、［続ける］をタップする

位置情報の利用に関する確認画面が表示されたときは、［Appの使用中は許可］をタップする

2 地図の表示を縮小する

［マップ］が起動した

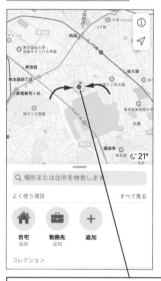

地図を**ピンチイン**して画面を縮小

HINT 位置情報の精度って何？

Wi-Fi（無線LAN）がオフの場合、［位置情報の精度］の確認が表示されることがあります。GPS信号が届きにくい場所でもWi-Fiアクセスポイントの情報を使って、精度を高められるので、［設定］をタップして、Wi-Fiをオンにしましょう。

次のページに続く→

3 地図の表示を拡大する

地図の表示が縮小された

見たいエリアを
ダブルタップ

4 詳細な地図が表示された

ドラッグ操作で位置の変更、ピンチの操作で拡大と縮小ができる

HINT 現在地をすばやく表示できる

現在地の地図を表示したいときは、画面右上のコンパスのアイコン（ ⊿ ）をタップすると、すばやく表示できます。はじめて現在地を表示したとき、［調整］の画面が表示されることがあります。画面の指示に従って、画面の赤い丸が円に沿って転がるようにiPhone本体を動かしましょう。

HINT 路線図や航空写真も表示できる

［マップ］では標準の［マップ］表示のほかに、［交通機関］や［航空写真］という方法で地図を表示できます。電車の路線図などを中心に表示したいときは［交通機関］を、建物や地形を上空からの俯瞰（ふかん）写真で見たいときには［航空写真］を選びましょう。

ここを**タップ**

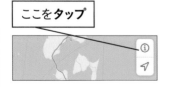

地図の表示方法を変更できる

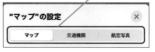

第6章　アプリを活用しよう

055

マップ

ルートを検索するには

[マップ] で見たい場所の地図を表示してみましょう。住所や施設名で検索することで、提示された候補から、その場所の地図を表示できます。電車や車を使った目的地までの経路も検索できるので、外出時に便利です。

電車を使う経路の検索

1 目的地の入力画面を表示する

ワザ054を参考に、[マップ]を起動しておく

検索フィールドを**タップ**

2 目的地を検索する

目的地が検索できるようになった

❶目的地のキーワードを**入力**

キーワードに一致した候補が表示される

❷[検索]を**タップ**

HINT どんなキーワードで検索できるの?

住所や施設名のほか、会社名、店名などでも検索が可能です。また、「コンビニ」「カフェ」といった一般的な名称を入力したときは、現在地の近くにあるスポットが表示されます。

次のページに続く——>

1 基本
2 設定
3 電話
4 メール
5 ネット
6 アプリ
7 写真
8 便利
9 疑問

3 経路を表示する

目的地周辺の地図が表示された

[経路]を**タップ**

虎ノ門ヒルズ・11 km
ショッピングセンター・11 km
TripAdvisorで ★3.5（221件）

目的地の候補が複数あるときは、
画面下に候補が表示される

HINT 好きな場所にピンを表示できる

地図上で任意の場所をロングタッチすると、下の画面のようにピンを追加できます。ピンを追加した場所は、［マークされた場所］として手順2の画面の一覧に表示されますが、別の場所にピンを追加すると、以前の場所のピンは削除されます。ピンを表示したままにしたいときは、［マークされた場所］の画面を上にスワイプし、［追加］をタップして、その場所を登録しておきましょう。

目的地をロングタッチすると、ピンを表示できる

4 電車での経路が表示された

電車の経路が表示された

［目的地：○○］を上に**スワイプ**

目的地：虎ノ門ヒルズ
出発地：東池袋四丁目駅・すぐに出発

21:55着
35分・21:21までに出発

7分

ここをタップすると、自動車、徒歩、配車サービスの経路を選択できる

5 ほかの経路を選択する

そのほかの経路が表示された

目的地：虎ノ門ヒルズ
出発地：東池袋四丁目駅・すぐに出発

21:55着
35分・21:21までに出発

7分

利用する経路を**タップ**

22:01着
41分・21:21までに出発

20分

22:03着
42分・21:21までに出発

4分

6分

交通機関オプション　　その他の経路

1 基本

2 設定

3 電話

4 メール

5 ネット

6 アプリ

7 写真

8 便利

9 疑問

6 選択した経路の詳細を表示する

ほかの経路が表示された

利用する経路を**タップ**

7 経路の詳細を確認する

選択した経路の詳細が表示された

［完了］をタップすると、手順
6の画面に戻る

HINT Googleマップも利用できる

地図はGoogleが提供している「Googleマップ」もアプリをダウンロードすれ
ば、iPhoneで利用できます。Gmailなど、すでにGoogleのサービスを活用
しているときは、パソコンなどと情報を連携できるので便利です。

HINT 路線検索には専用のアプリを使おう

路線検索には「乗換NAVITIME」などの専用のアプリを利用することもでき
ます。App Storeで「乗り換え」などで検索してみましょう。一部、有料のサー
ビスもありますが、「特急」や「急行」などの列車の種別を指定して検索で
きたり、駅構内の乗換ルートを表示したりと、より高度な機能が使えます。

次のページに続く——➡

自動車を使う経路の検索と案内の実行

1 自動車を使う経路を検索する

150ページの手順4を参考に、経路の検索結果を表示しておく

[車]を**タップ**

2 経路を選択する

[目的地:○○]を上にスワイプすると、ほかの経路が表示される

[出発]をタップすると、ナビが開始される

利用する経路を**タップ**

3 経路の詳細が表示された

[完了]をタップすると、手順2の画面に戻る

HINT 自動車で使うときのコツは?

自動車で使うときは、途中でiPhoneのバッテリーが切れないように、シガーライターソケットなどから充電できるようにしておくと便利です。ダッシュボードなどに固定できるホルダーなどと併用するといいでしょう。ちなみに、ナビで案内中は、画面の自動ロック(ワザ077)の設定にかかわらず、一定時間、操作しなくても途中で画面が消えてしまうことはありません。ただし、くれぐれも安全運転を心がけてください。

056

カレンダー

予定を登録するには

友だちと会う約束や大切な用事など、日々のスケジュールをiPhoneで管理してみましょう。予定の日時や場所を簡単に登録できるうえ、表示方法を切り替えて、1日の予定や月の予定などを手軽に確認できます。

1 [カレンダー]を起動する

[カレンダー]を**タップ**

["カレンダー"の新機能]の画面が表示されたときは、[続ける]をタップする

位置情報の利用に関する確認画面が表示されたときは、[Appの使用中は許可]をタップする

2 イベントを追加する

ここを**タップ**

〈5月　　　　　　≡　Q　＋

日　月　火　水　木　金　土
10　11　12　13　**14**　15　16
2020年5月14日 木曜日

14:00
14:32
15:00
16:00
17:00
18:00
19:00
20:00
21:00
22:00

今日　　　カレンダー　　　出席依頼

1 基本
2 設定
3 電話
4 メール
5 ネット
6 アプリ
7 写真
8 便利
9 疑問

HINT くり返しのイベントも登録できる

登録するイベントが定期的な会議などのときは、くり返しの設定ができます。次ページの手順3の画面で[繰り返し]をタップし、[毎日][毎週]など、くり返しの条件を設定すれば、以後、自動的にイベントが登録されます。

次のページに続く→

3 イベントのタイトルと場所を入力する

❶タイトルを入力　❷場所を入力

4 開始と終了の日時を設定する

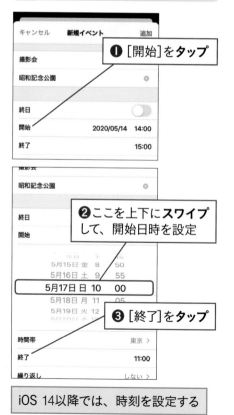

❶[開始]を**タップ**

❷ここを上下に**スワイプ**して、開始日時を設定

❸[終了]を**タップ**

iOS 14以降では、時刻を設定する

5 イベントの追加を完了する

手順4を参考に、終了日時を設定する

[追加]を**タップ**

[終日]のここをタップすると、終日のイベントにできる

6 カレンダーを月表示に切り替える

イベントを追加できた

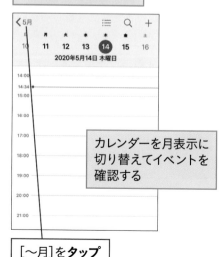

カレンダーを月表示に切り替えてイベントを確認する

[〜月]を**タップ**

●まめ知識　手順3の画面で入力した場所は履歴に残り、次回からタップして選ぶだけで入力できます。

1 基本

2 設定

3 電話

4 メール

5 ネット

6 アプリ

7 写真

8 便利

9 疑問

HINT アイコンから簡単に予定を確認できる

次の予定をすばやく確認したいときは、ホーム画面の[カレンダー]のアイコンをロングタッチします。登録されている次の予定が表示されるので、すぐに予定を確認できます（注意：iOS 14以降では表示されない）。また、[イベントを追加]から新しい予定を追加することもできます。

[カレンダー]のアイコンをロングタッチすると、次の予定が表示される

7 イベントの内容を表示する

イベントのある日付には ● が表示される

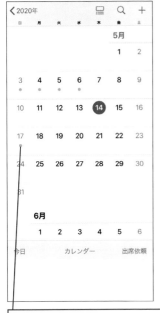

イベントのある日付を**タップ**

8 イベントを確認する

イベントを**タップ**

確認するイベントが表示されないときは、画面を上下にスワイプする

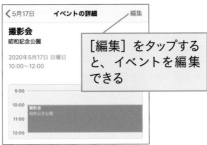

[編集]をタップすると、イベントを編集できる

次のページに続く──➤

イベントの管理にGoogleカレンダーを使っているときは、iPhoneとGoogleカレンダーのデータを同期すると便利です。iPhoneにGoogleアカウントを登録すると、以下のように選択されたGoogleのサービスの情報を同期できます。なお、GmailやGoogleカレンダーは、Googleが提供しているアプリをダウンロードして利用することもできます。パソコンなどでもGoogleのサービスを頻繁に使うときは、Googleのアプリを使うといいでしょう。

1 Gmailのアカウントを表示する

2 Googleカレンダーを有効にする

ワザ032を参考に、［パスワードとアカウント］の画面を表示し、［アカウントを追加］からGoogleアカウントを追加しておく

［カレンダー］がオンになっていることを**確認**

Gmailのアカウントを**タップ**

057

iTunes Store

iTunes Storeで曲を買うには

iTunes Storeで音楽を購入してみましょう。iPhoneにインストールされている
[iTunes Store]を使えば、いつでも好きなときにiPhoneで音楽を購入できます。
好みの音楽をダウンロードしてみましょう。

1 [iTunes Store]を起動する

ワザ048を参考に、iTunes Storeに
サインインしておく

ワザ048を参考に、Apple IDへ金
額をチャージしておく

必要に応じて、ワザ016を参考に
Wi-Fi（無線LAN）に接続しておく

❶画面を左へスワイプ

❷[iTunes Store]をタップ

2 曲の検索画面を表示する

[ようこそiTunes Storeへ]の画
面が表示されたときは、[続け
る]をタップする

ファミリー共有の設定に関する
確認画面が表示されたときは、
[今はしない]をタップする

[検索]をタップ

1 基本
2 設定
3 電話
4 メール
5 ネット
6 アプリ
7 写真
8 便利
9 疑問

次のページに続く⟶

3 キーワードを入力して 検索を実行する

❶検索フィールドを**タップ**

❷キーワードを**入力**

❸ [search]を**タップ**

4 キーワードに一致する曲が 表示された

曲名を**タップ**

5 購入する曲を選択する

曲名をタップすると、曲を
30〜90秒間試聴できる

購入する曲の価格
を**タップ**

6 曲を購入する

画面下に [支払い]
と表示された

[支払い]を
タップ

サインインを求められたときは、
Apple IDのパスワードを入力して、
[サインイン]をタップする

[確認が必要です]と表示されたとき
は、 [購入する]をタップする

第6章 アプリを活用しよう

158 ●まめ知識 [App Store]に登録したApple IDの支払い先情報は [iTunes Store]でも使われます。

7 ダウンロードが開始された

ダウンロード中のアイコンに表示が切り替わった

8 購入した曲を確認する

ダウンロードが完了し、曲が購入できた

[再生]をタップ

[その他]をタップすると、購入済みの曲などが確認できる

HINT 映画の購入やレンタルもできる

iTunes StoreではHD画質の映画を購入したり、レンタルしたりできます。入手した映画はiPhoneだけでなく、同じApple IDを設定したiPadやiPod touch、テレビに接続したApple TV、パソコンなどでも楽しめます。外出先ではiPhone、自宅ではパソコンやテレビ（Apple TVやLightning - Digital AVアダプタを接続）というように、利用する場面に応じて、視聴する機器を選べます。

[映画]をタップすると、購入やレンタルができる

1 基本
2 設定
3 電話
4 メール
5 ネット
6 アプリ
7 写真
8 便利
9 疑問

058

ミュージック

iPhoneで曲を再生するには

iTunes Storeからダウンロードした曲（ワザ057）は、［ミュージック］を使うことで再生できます。家だけでなく、外出先や移動中など、iPhoneさえあれば、どこでもお気に入りの音楽を楽しめます。

曲の再生

1 ［ミュージック］を起動する

ホーム画面を表示しておく

［ミュージック］を**タップ**

［ようこそApple Musicへ］の画面が表示されたときは、［続ける］をタップする

Apple Musicのプラン選択の画面が表示されたときは、［今はしない］をタップする

2 曲を選択する

❶［ライブラリ］を**タップ**

ここで曲の表示方法を切り替えられる

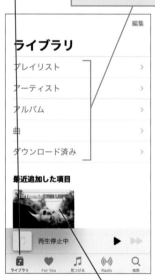

❷再生するアーティストやアルバムを**タップ**

まめ知識　［コンプリート・マイ・アルバム］ではアルバム全体を後から差額分の値段で買えます。

3 曲を再生する

アーティストやアルバムの曲の
一覧が表示された

再生する曲を**タップ**

アルバム名が表示されたときは、
アルバム名をタップすると曲が表
示される

4 曲が再生された

画面下に曲名が表示され、
曲が再生された

ここをタップすると、
曲が一時停止する

曲名をタップすると、163ページの
再生画面が表示される

163ページ

HINT 音楽を聴きながらでもほかの操作ができる

iPhoneでは音楽の再生中にメールをチェックするなど、ほかのことをしな
がら音楽を楽しむことができます。たとえば、音楽の再生中にホームボタン
を押してホーム画面を表示しても音楽は継続して再生されます。バックグラ
ウンドで音楽が再生されているときは、コントロールセンターから再生操作
ができます。ちなみに、音楽の再生中に着信があると、再生が一時的に中
断され、着信音が鳴ります。通話している間は音楽の再生は中断され、通
話を終了すると、自動的に再生が再開されます。

1 基本
2 設定
3 電話
4 メール
5 ネット
6 アプリ
7 写真
8 便利
9 疑問

次のページに続く━━→

［ライブラリ］の画面の構成

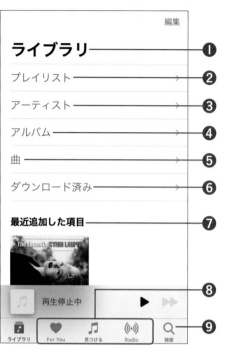

❶ライブラリ
曲の一覧が表示される

❷プレイリスト
プレイリストごとに曲を表示する

❸アーティスト
アーティストごとに項目が表示される

❹アルバム
アルバムごとに項目が表示される

❺曲
曲ごとに項目が表示される

❻ダウンロード済み
iPhoneにダウンロードしてある曲のみ表示される

❼最近追加した項目
最近追加した項目が表示される

❽Apple Music
Apple Music（ワザ059）を登録すると、定額聴き放題が利用できる

❾検索
曲を検索できる

HINT イヤホンで音楽を楽しむには

最新のiPhoneには一般的な3.5mmのイヤホンマイク端子がないため、そうしたイヤホンは、別売りの「Lightning - 3.5mmヘッドフォンジャックアダプタ」を利用すれば、接続できます。また、別売りのワイヤレスイヤホン「AirPods」や「AirPods Pro」Bluetooth接続のイヤホンを購入すると、ケーブルを接続せずに、ワイヤレスで音楽を楽しむことができます。Bluetooth機器の接続方法については、ワザ090を参照してください。

［ミュージック］の再生画面の構成

❶再生ヘッド
再生位置を変更できる

❷メニュー
曲の共有や削除、プレイリストへの追加などの操作メニューを表示できる

❸前へ／早戻し
前の曲を再生する。ロングタッチで早戻し（巻き戻し）ができる

❹再生／一時停止
曲の再生や一時停止ができる

❺次へ／早送り
次の曲を再生する。ロングタッチで早送りができる

❻音量
音量を調整できる

❼再生中の曲の歌詞が表示される。歌詞が表示されない曲もある

❽ ［次はこちら］の画面が表示される

次のページに続く——➤

1 基本
2 設定
3 電話
4 メール
5 ネット
6 アプリ
7 写真
8 便利
9 疑問

コントロールセンターでの再生操作

再生中に画面右上から下にスワイプして、コントロールセンター（ワザ010）を表示すると、ほかのアプリを使っているときでも再生操作ができます。また、曲名をロングタッチすると、再生位置の指定などもできます。

第6章 アプリを活用しよう

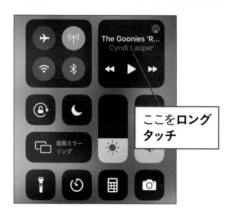

ここを**ロングタッチ**

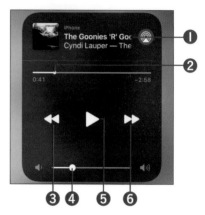

❶現在再生中の曲
曲名をタップすると、［ミュージック］が起動する

❷再生ヘッド
再生位置を変更できる

❸前へ／早戻し
次の曲を再生する。ロングタッチで早戻し（巻き戻し）ができる

❹音量
音量を調整できる

❺再生／一時停止
曲の再生や一時停止ができる

❻次へ／早送り
次の曲を再生する。ロングタッチで早送りができる

HINT ほかの機器で音楽を再生できる

Bluetooth機器やApple TVを使っているときは、再生画面の下部中央のアイコン（◉）やコントロールセンターの曲名の右上にあるアイコン（◉）をタップすると、再生先を切り替えられます。

機器を選択して、曲を再生できる

●まめ知識　Siri（ワザ085）に「この曲何？」と話しかけて曲を聴かせると、曲名がわかります。

059

ミュージック

🎵
ミュージック

Apple Musicを楽しむには

Apple Musicは毎月、一定額の料金を支払うことで、さまざまなジャンルから集められた膨大な数の曲が聴き放題になるサービスです。最初の3カ月間は無料で利用できるので、試してみましょう。

1 [For You]の画面を表示する

ワザ048を参考に、Apple IDへ金額をチャージしておく

ワザ058を参考に、[ライブラリ]の画面を表示しておく

[For You]を**タップ**

2 Apple Musicの登録を開始する

[For You]の画面が表示された

[今すぐ開始]を**タップ**

注意 iOS 14以降では、[For You]が[今すぐ聴く]に変更されています

HINT Apple Musicの料金プランについて

Apple Musicには月額980円、もしくは年額9,800円の「個人」、月額1,480円の「ファミリー」、月額480円の「学生」のプランがあります。ファミリーの場合、月額料金で最大6人（6つのApple ID）まで利用できます。いずれのプランも最初にApple IDに支払い情報を登録する必要がありますが、無料期間の3カ月以内に自動更新を停止すれば、料金はかかりません。

1 基本
2 設定
3 電話
4 メール
5 ネット
6 アプリ
7 写真
8 便利
9 疑問

次のページに続く→

3 Apple Musicの料金プランを選択する

ここでは [個人] を選択したまま進める

❶ [トライアルを開始] を**タップ**

最初の3カ月は課金されない

❷ [承認] を**タップ**

サインインを求められたときは、Apple IDのパスワードを入力して、[OK]をタップする

4 お気に入りのジャンルを選択する

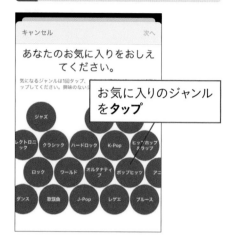

お気に入りのジャンルを**タップ**

5 お気に入りのジャンルの選択を続ける

❶お気に入りのジャンルを**タップ**

特にお気に入りのジャンルは2回タップする

興味のないジャンルはロングタッチすると、消える

❷ [次へ] を**タップ**

❶お気に入りのアーティストを**タップ**

❷[完了]を**タップ**

[今はしない]を**タップ**

[今すぐ始めよう]をタップすると、他のユーザーに自分を見つけてもらうための画面が表示されるので、[連絡先を探す]をタップして設定する

[最新音楽情報を入手]の画面が表示されたら、[通知を許可する]をタップして、通知方法を設定する

Apple Musicが有効になり、好きな曲を選択して再生できるようになった

HINT Apple Musicで曲を探す

Apple Musicでは[ミュージック]の下のボタンを使って、さまざまな曲を楽しめます。各ボタンの役割を覚えておきましょう。

❶ For You
設定時に選んだアーティスト情報から自動的にリストアップされた曲などをすぐに再生できる

❷ 見つける
アーティストごとのプレイリストや新着ミュージック、デイリートップ100などから曲を探せる

❸ Radio
ヒットチャートやジャンル別ステーションなど、好みのジャンルの曲をラジオのように楽しめる

> **注意** iOS 14以降では、[For You]が[今すぐ聴く]に変更されています

1 基本
2 設定
3 電話
4 メール
5 ネット
6 アプリ
7 写真
8 便利
9 疑問

060

サブスクリプションの設定

設定

定額サービスを解約するには

音楽や映像などのアプリの中には、毎月一定額で「○○放題」になるサブスクリプションサービスがあります。こうしたサービスは自動的に支払いが継続されるため、途中で辞めたいときは [設定] から契約を停止します。

第6章 アプリを活用しよう

1 [サブスクリプション] の画面を表示する

ワザ018を参考に、Apple IDの画面を表示しておく

[サブスクリプション]を**タップ**

2 解約したいサービスを選択する

[サブスクリプション] の画面が表示された

解約したいサービスを**タップ**

3 解約を実行する

❶ [～をキャンセルする] を**タップ**

❷[確認]を**タップ**

❸ [戻る]を**タップ**

料金が自動で請求されなくなる

アプリをもっと活用しよう

iPhoneに標準で搭載されているアプリには、ほかのワザで手順を説明していない便利なアプリが数多くあります。いろいろなアプリを活用して、もっとiPhoneを楽しんでみましょう。

1 基本

2 設定

3 電話

4 メール

5 ネット

6 アプリ

7 写真

8 便利

9 疑問

 アラームやストップウォッチも便利
Apple

時計

無料

時間に関するいろいろな機能を使えるアプリ。世界の時刻を調べたり、指定した時間にアラームを鳴らしたり、就寝時間と起床時間を管理したり、ストップウォッチで時間を計測したり、タイマーで一定時間をカウントダウンすることができる。アラームでは、曜日ごとに時刻を設定することなども可能。

 ビデオ通話や無料通話が楽しめる
Apple

FaceTime

無料

iPhoneのマイクやカメラを使って、音声通話やビデオ通話を無料で楽しむことができるアプリ。Apple IDや電話番号を宛先として利用し、iPhoneやiPad、iPod touch、Macとの間で通話を楽しめる。相手が撮影を許可しているとき（標準ではオン）、通話中の相手の映像をLive Photosで撮影することもできる。

複数アプリの操作を1回の操作で行なえる　　ショートカット
Apple

さまざまなアプリの機能を組み合わせた一連の動作を「レシピ」として登録しておくと、1タップで一連の動作を実行できるアプリ。たとえば、「写真を撮る」「メールを送信」という操作を並べ、送信先などを設定することで、「写真を撮って送る」という一連の操作を実行できる。作成済みのショートカットをギャラリーから入手することもできる。

表情をアニメキャラで伝えよう　　ミー文字
Apple

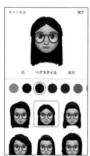

顔のパーツを選んで、自分でカスタマイズしたアニメ絵文字（アニ文字）を作れる機能。カメラで認識した自分の表情をアニメーションで表示できるので、うれしい気分や悲しい気分などを手軽に表現することができる。［メッセージ］で［ステッカー］を選んでから、＋を選ぶと、作成できる。［FaceTime］のビデオ通話でも利用できる。

iPhoneがボイスレコーダーに！　　ボイスメモ
Apple

iPhoneのマイクを使って、周囲の音を録音できるボイスレコーダーアプリ。iCloudとの同期ができるようになり、iPhoneで録音した音声を他の機器でも共有できるようになった。また、［設定］からSiriとの連携や自動削除の日数、オーディオの品質などの設定ができるようになった。会議の録音などに便利。

第6章　アプリを活用しよう

待ち合わせ場所やなくした iPhoneの場所を表示

Apple

探す

無 料

iPhoneを使っている友だちの居場所を地図で表示できるアプリ。相手が許可した場合のみ、地図に表示されるので、待ち合わせなどに便利。また、Apple IDに関連付けされているiPhoneやiPad、MacBookの場所を地図に表示することもできる。音を鳴らしたり、データを削除したりできるので、iPhoneを紛失したときなどに役に立つ。

1 基本

2 設定

3 電話

4 メール

5 ネット

6 アプリ

7 写真

8 便利

9 疑問

物の長さや面積、水平を計れる

Apple

計測

無 料

カメラで長さや面積、水平度を計測できるアプリ。画面上で2点を指定することで長さが表示されたり、四角い範囲の面積を自動的に表示したりできる。

---

iPhoneやiCloudのファイルを扱える

Apple

ファイル

無 料

文書や写真などのファイルを管理できるアプリ。iCloud Driveのファイルを操作したり、OneDriveやGoogleドライブなどと連携したりできる。

自宅や外出先の天気をチェック

Apple

天気

無 料

現在地の天気や気温、週間天気予報などがわかるアプリ。複数の地点を登録できるので、会社や学校などの天気を確認したいときにも便利。

日々のタスク管理に役立てよう

Apple

リマインダー

無 料

日々のタスクを管理できるアプリ。忘れてはいけないこと、やらなければならないことなどを登録し、日時や場所を指定して通知を表示できる。

移動中の息抜きや
勉強に活用しよう
Apple

Podcast 　無 料

ラジオ番組や語学番組など、さまざまな音声コンテンツを楽しめるアプリ。定期的に配信されている番組を購読することができる。

映画やドラマを
楽しめる
Apple

Apple TV 　無 料

最新の映画やドラマなどを楽しめるアプリ。オリジナルドラマ見放題の「Apple TV+」やiTunes Storeで購入した映画やミュージックビデオも楽しめる。

ホームオートメーション
を実現！
Apple

ホーム 　無 料

HomeKitに対応した照明やセンサーユニット（気温や湿度などを検知する機器）と連携して、iPhoneからの操作で家電をコントロールできる。

気になる銘柄の株価を
すぐにチェック！
Apple

株価 　無 料

国内外さまざまな企業の株価をチェックできるアプリ。グラフによる株価の推移に加え、登録した企業の最新ニュースなども確認できる。

方位や高度が
わかる
Apple

コンパス 　無 料

iPhoneに内蔵されたセンサーを使って、方位や緯度経度を表示できるアプリ。現在地の都道府県や高度なども表示される。

シンプルだが高機能な
電卓アプリ
Apple

計算機 　無 料

横向きにすると、関数計算もできる電卓アプリ。計算結果の部分をロングタッチすると、結果をコピーできる。コントロールセンターからも起動できる。

新機能や便利な使い方を教えてくれる

Apple

ヒント　　　　　　　無 料

届いたメッセージにすばやく応答する方法やタイマー撮影で自分撮りをする方法など、iPhoneの新機能や便利な使い方を教えてくれるアプリ。

iPhoneで手軽に健康管理

Apple

ヘルスケア　　　　　　　無 料

体重や血圧などの測定結果やiPhoneで計測した歩数など、さまざまな健康データを管理できるアプリ。対応した活動量計とも連携できる。

HINT　無料アプリをインストールしよう

ここで紹介した以外にも仕事や趣味に役立つアップルの無料アプリをダウンロードすることができます。これらのアプリを使いたいときは、App Storeで「Apple」をキーワードにアプリを検索して、必要なものをインストールしましょう。もちろん、各アプリの名前で個別に検索して、インストールすることもできます。

アップルの無料アプリをダウンロードできる

- ・Appleサポート
サポートを受けられる
- ・Apple Store
ショッピングを楽しめる
- ・iMovie
動画の編集ができる
- ・iTunes Remote
iTunesを操作できる
- ・Apple TV Remote
Apple TVを操作できる
- ・GarageBand
楽器を演奏して楽曲を制作できる
- ・Numbers
グラフや表などを作成できる

- ・iTunes U
いろいろなことを学べる
- ・Keynote
プレゼンテーションを作成できる
- ・Pages
多彩な文書を作成できる
- ・Clips
自分撮りビデオを作れる
- ・AirMac ユーティリティ
AirMacの設定ができる
- ・Music Memos
作曲などに役立つ録音アプリ
- ・iTunes Movie Trailers
映画の予告編を楽しめる

1 基本

2 設定

3 電話

4 メール

5 ネット

6 アプリ

7 写真

8 便利

9 疑問

COLUMN

インストールして損なし！
定番無料アプリ10選

iPhoneの購入後にインストールしておきたい無料アプリをピックアップ。iPhoneをもっと便利に活用しましょう。

Facebook
Facebook, Inc.

SNSの「Facebook」で友だちの近況をチェックしたり、自分の近況を投稿したりできるアプリ。別アプリのMessengerもオススメ

Google
Google, Inc.

音声検索を含むGoogleの検索機能やGmailなどが簡単に利用できるアプリ。Google Nowをオンにすれば、交通情報なども表示できる

Instagram
Instagram, Inc.

写真を使ったコミュニケーションを楽しめるSNS「Instagram」用アプリ。著名人の投稿した写真を見たり、自分の写真を投稿できる

LINE
LINE Corporation

楽しいスタンプやメッセージを手軽にやりとりできる定番のコミュニケーションツール。無料の音声通話も楽しめる

Microsoft Excel
Microsoft Corporation

Excelで作成した文書を表示したり、編集したりできるアプリ。WordやPowerPointなどのアプリも同様に利用可能

radiko.jp
radiko Co.,Ltd.

AMやFM放送のラジオを楽しめるアプリ。タイムフリーで過去1週間以内の放送も聴取可能。プレミアム会員は全国の放送を楽しめる

ZOOM Cloud Meetings
Zoom

ビデオ会議からオンライン飲み会まで使えるコミュニケーションアプリ。多くの仲間と映像と音声で会話ができる

Yahoo!ニュース
Yahoo Japan Corp.

タップやスワイプなどの簡単操作で、速報やエンタメ、スポーツなど、最新のニュースをチェックできるニュースアプリ

YouTube
Google, Inc.

世界中から投稿された動画を再生できるアプリ。マイリストを作成して、お気に入りのミュージックビデオを楽しむこともできる

クックパッド
COOKPAD Inc.

料理名や食材からレシピを検索できるアプリ。作り方の紹介だけでなく、実際に作った人のレポートも参考にできる

第7章

写真と動画を楽しもう

062

カメラ

写真を撮影するには

写真は［カメラ］のアプリで撮影します。［カメラ］は複数の方法で起動できるので、それらを覚えておくと、シャッターチャンスを逃しません。ちなみに、［カメラ］の起動中は、左側面の音量ボタンを押しても撮影ができます。

第7章 写真と動画を楽しもう

［カメラ］の起動

●ロック画面から起動

画面を左にスワイプ

●ホーム画面から起動

［カメラ］をタップ

HINT コントロールセンターからも起動できる

コントロールセンター（ワザ010）からもすばやくカメラを起動できます。この方法はほかのアプリを起動しているときでもすぐに撮影ができるので便利です。

ここをタップすると、［カメラ］が起動する

●まめ知識　撮影時に画面をタップすると現れる太陽のマークを上下にスワイプすると露出を変更できます。

写真の撮影

1 カメラの設定を確認する

位置情報の利用に関する確認画面が表示されたときは、[Appの使用中は許可]をタップする

ここではLive Photosをオフにしておく

Live Photosのアイコンを**タップ**

2 ピントと露出を合わせる

Live Photosのアイコンに斜線が表示され、オフになった

ピントと露出を合わせたい場所を**タップ**

Live Photos って何？

Live Photosは静止画と動画を同時に撮る機能です。シャッターボタンを押した前後約3秒間の動画を撮影します。本体の空き容量を節約するため、このワザの手順ではオフにしています。ちなみに、オンのときには、シャッターボタンを押しても音が鳴らず、動画撮影終了時にピコという通知音のみが鳴ります。

3 撮影する

タップした場所にピントと露出が合った

シャッターボタンを**タップ**

写真が撮影される

1 基本

2 設定

3 電話

4 メール

5 ネット

6 アプリ

7 写真

8 便利

9 疑問

063

カメラ

カメラ・撮影の基本

いろいろな方法で撮影するには

[カメラ]を起動した画面で画面を上にスワイプするとアイコンが現れ、撮影モードの変更ができます。ここでは縦横比が1:1の「スクエア」で撮影する方法を示しましたが、従来どおりの4:3やワイドな16:9で撮ることもできます。

第7章 写真と動画を楽しもう

正方形の比率で撮影

1 撮影モードを切り替える

ワザ062を参考に、[カメラ]を起動しておく

画面を上に**スワイプ**

2 下段にアイコンが表示された

[4:3]を**タップ**

HINT 自分撮りをするには

背面側カメラと前面側カメラ（ワザ002）を切り替えると、自分撮り（いわゆる自撮り）ができます。ちなみに、前面側カメラにはズームや[パノラマ]モードがありません。

ここをタップすると、本体前面のカメラに切り替わる

3 画面の縦横比の候補が表示された

ここでは正方形の比率で撮影する

[スクエア]を**タップ**

4 比率が正方形（1:1）になった

シャッターボタンを**タップ**

HINT　フィルタを使った撮影

手順2の画面右端にあるフィルタのアイコンをタップすると、写真の色味に効果がつけられます。ビビッドは鮮やかに、ドラマチックは色あせた時間の経過を感じる雰囲気になります。モノクロ、シルバートーン、ノアールは、いずれも白黒写真に変更が可能です。モノクロ→シルバートーン→ノアールの順に濃淡の差が大きくなります。

手順2のメニュー右端の●をタップしてフィルタを選択する

ドラマチック

---

1 基本
2 設定
3 電話
4 メール
5 ネット
6 アプリ
7 写真
8 便利
9 疑問

次のページに続く→

[カメラ]の画面構成

※iOS 14では露出補正のアイコンが追加されています

❶フラッシュ
フラッシュのオン／オフ／自動を切り替える

❷Live Photos
Live Photosのオン／オフを切り替える。オフのときはアイコンに斜線が表示される

❸ズームコントロール
ズームの倍率、レンズを切り替える

❹フィルタ
写真の雰囲気や色合いの設定画面を表示する

❺直前に撮影した写真や動画が表示される

❻縦横比
写真の縦横比を、スクエア（1：1）、4：3、16:9から選べる

❼シャッターボタン
写真の撮影や動画の撮影開始・終了時にタップする

❽タイマー
シャッターボタンを押してから3秒、もしくは10秒後に撮影するタイマー撮影に切り替える

❾背面側カメラと前面側カメラを切り替える

HINT　きれいな写真を手軽に撮るには

iPhoneで上手に写真を撮るコツは2つあります。まず、ワザ062の手順2で触れた通り、被写体（撮る対象）をタップして、ピントを合わせることです。この操作を行なうと、iPhoneが明るさなどを自動調整します。2つ目は自分自身が近づいたり、離れたりして、被写体との距離を決め、良い位置で撮影することです。ワザ064のズーム機能は、補助と考えましょう。これらを意識すると、構えてシャッターボタンを押すだけの写真とは、明らかに違った写真を撮れるようになります。

●まめ知識　撮影画面をロングタッチすると、その場所で露出とピントが固定される［AE/AFロック］に。

064

カメラ

ズームを切り替えるには

iPhone SEのカメラは、本体背面のメインカメラが12メガピクセル、前面のフロントカメラが7メガピクセルという仕様です。メインカメラは28mm相当の広角レンズで、最大5倍のデジタルズームを備えています。

1 ズームを切り替える

ワザ062を参考に、［カメラ］を起動しておく

ピンチインで縮小、ピンチアウトで拡大

2 画角を決めて撮影する

画角が決まったらシャッターボタンをタップ

❶タップしてピントを合わせる

❷シャッターボタンをタップ

1 基本
2 設定
3 電話
4 メール
5 ネット
6 アプリ
7 写真
8 便利
9 疑問

動きのすばやい被写体を撮るには

シャッターボタンを左にスワイプすると、バーストモード（連写）で撮影できます。動物や子ども、決定的瞬間など動きの速い被写体におすすめです。また、集合写真の撮影のときは、複数枚のショットからお気に入りの1枚が選べます。

第7章 写真と動画を楽しもう

バーストモードで撮影

1 バーストモードで撮影する

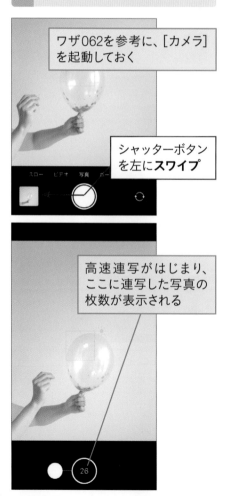

ワザ062を参考に、[カメラ]を起動しておく

シャッターボタンを左に**スワイプ**

高速連写がはじまり、ここに連写した写真の枚数が表示される

26

2 バーストモードで撮影できた

シャッターボタンから**指を離す**

連写が終了する

HINT 自分撮りでも連写を使える

前面側カメラで自分撮りをするときも左にスワイプすると、連写ができます。

ここでは続けて、連写した写真を表示する

連写した写真が表示された

❶左右に**スワイプ**して、好みの写真を表示

❶写真を**タップ**

[バースト]と表示され、連写した枚数が表示された

❷[選択]を**タップ**

❷ここを**タップ**して、チェックマークを付ける

❸[完了]を**タップ**

❹[〜枚のお気に入りのみ残す]を**タップ**

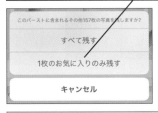

選択した写真のみが保存される

[すべて残す]をタップすると、連写したすべての写真が保存される

1 基本
2 設定
3 電話
4 メール
5 ネット
6 アプリ
7 写真
8 便利
9 疑問

※風船のアイデアは、ウジシイヅモさん（@ismo514）のツイートを参考にさせていただきました

カメラ

美しいポートレートを撮るには

[ポートレート]モードでは人物の背景をぼかした雰囲気のある写真が撮れます。
ポートレートとは肖像画や肖像写真のことで、撮影には場所選びが肝心です。
次ページのHINTを参考に、良いボケ味が出る場所を探しましょう。

第7章
写真と動画を楽しもう

［ポートレート］モードで撮影

1 [ポートレート]モードに
切り替える

ワザ062を参考に、 [カメラ]を
起動しておく

画面を左に**スワイプ**

2 [ポートレート]モードで
撮影する

[ポートレート] の [自然光] に
表示が変わった

シャッターボタンを**タップ**

HINT 自分撮りにも [ポートレート]を使える

iPhone SEの前面側のカメラにも [ポートレート] モードが備わっています。
「自撮り」でも活用してみましょう。

HINT 照明の効果を選択できる

[ポートレート] モードでは照明の効果（ポートレートライティング）を選ぶことができます。[スタジオ照明] では顔がやや明るめに、[輪郭強調照明] では影がつき、顔が強調され、[ステージ照明][ステージ照明（モノ）] では顔にスポットライトが当たり、背景は暗くなります。新しく追加された [ハイキー照明（モノ）] では、背景が白くなり、人物が浮き上がったように撮影できます。照明効果の選択は、撮影後に [写真] のアプリからも行なえます。迷ったら、[自然光] で撮っておきましょう。

ここを左右にスワイプすると、照明の効果を変更できる

HINT [ポートレート]モードに向いている場面は？

少しの工夫で、より [ポートレート] モードを生かした写真を撮ることができます。まず、[ポートレート] モードではズームができないので、被写体との距離感をつかむことが大切です。被写体ではなく、自分が動いて距離を調整します。背景選びもポイントです。前ページの例のように、背景が遠くまで見通せる「抜けた場所」など、背景が雰囲気よくボケる場所を選んでください。明るく、色味が豊かな背景を選ぶと、より印象的な写真に仕上がるはずです。

●効果が低い例

背景が壁だったり、暗い場所や色味がないところでは効果が出にくい

1 基本
2 設定
3 電話
4 メール
5 ネット
6 アプリ
7 写真
8 便利
9 疑問

カメラ

動画を撮影するには

[カメラ]の画面を左右にスワイプして、[ビデオ]モードに切り替えると、動画撮影ができます。[写真]モード中に、シャッターボタンを右にスワイプさせて、動画を撮影することもできます。

第7章　写真と動画を楽しもう

1 [ビデオ]モードに切り替える

ワザ062を参考に、[カメラ]を起動しておく

❶画面を右に**スワイプ**

[ビデオ]と表示され、[ビデオ]モードに切り替わった

❷シャッターボタンを**タップ**

2 動画を撮影する

撮影中は赤く表示される

ここをタップすると、静止画を保存できる

もう一度、タップすると、動画の撮影が終了する

HINT 動画をズームして撮影できる

[カメラ]の画面に指を当て、2本の指を広げたり（ピンチアウト）、狭めたり（ピンチイン）すると、ズームの調整ができます。ただし、この方法でのズームは、撮影画質が粗くなることがあります。

●まめ知識　[タイムラプス]では30分以上撮影しても約30秒程度の動画に短縮されます。

HINT スロー撮影やコマ落とし撮影を使おう

［スロー］モードでは通常の4分の1の速度で再生するスロー撮影、［タイムラプス］モードでは実際の出来事を短時間で再生するタイムラプスと呼ばれる特殊撮影ができます。前者ではスポーツや水の動きなど、速い動きをなめらかに再生し、後者は交差点で人が行き交う様子を早送りしたように再生できます。動画投稿サイトの「YouTube」にはさまざまな作例が投稿されています。［Safari］（ワザ041）で「iPhone スロー撮影」「iPhone タイムラプス」といったキーワードで作例を探してみましょう。

画面を右にスワイプして、動画撮影のモードを切り替える

シャッターボタンをタップすると、撮影が開始される

HINT ［写真］モードですばやく動画撮影（4:3、1:1でも撮れる）

iPhone SEは［カメラ］を起動して、［写真］モードのままでシャッターボタンをロングタッチすると、タッチしている間だけ動画撮影ができます。連続して動画撮影をしたいときには、右の図を参考にシャッターボタンを錠前のアイコンまでドラッグすると、［ビデオ］モードの場合と同様に、連続して撮影ができます。ただし、注意したいのは画角です。［カメラ］での画角が適用されるので、［ビデオ］にしたときの16:9ではなく、4:3や1:1になることがあります。画角の変更は、ワザ063を参照してください。

［写真］モードでシャッターボタンをロングタッチしている間だけ動画撮影ができる

タッチしながら、ここまでドラッグすると、指を離しても動画が撮影され続ける

1 基本

2 設定

3 電話

4 メール

5 ネット

6 アプリ

7 写真

8 便利

9 疑問

設定

撮影した場所を記録するには

位置情報サービスをオンにして、位置情報を取得できる場所で撮影すると、写真に位置情報（ジオタグ）が追加されます。後で写真を見たとき、撮影した場所を住所や地図で確認することができます。

第7章 写真と動画を楽しもう

1 [プライバシー]の画面を表示する

ワザ016を参考に、[設定]の画面を表示しておく

[プライバシー]を**タップ**

2 位置情報サービスの設定を確認する

❶[位置情報サービス]を**タップ**

❷[位置情報サービス]がオン、[カメラ]が[使用中のみ]になっていることを**確認**

ここをタップすると、アプリの位置情報の利用をオフにできる

HINT [カメラ]の初回起動時に設定できる

[カメラ]をはじめて起動したとき、位置情報サービスを利用するかどうかを設定する画面が表示されることがあります。[OK]をタップすると、位置情報サービスが有効になります。

069

写真

写真・動画

写真や動画を表示するには

写真や動画を見るには、［写真］のアプリを使います。iPhoneで撮影したものだけでなく、iCloudで同期したり、Webページからダウンロードした写真や動画も［写真］で見ることができます。

写真を一覧から選んで表示

1 ［写真］を起動する

［写真］を**タップ**

新機能の説明画面が表示されたときは、［続ける］をタップする

［iCloud写真］（ワザ074）の画面が表示されたときは、［今はしない］をタップする

2 一覧から写真を選んで表示する

表示が異なるときは、画面左下の［写真］をタップする

❶画面右下の［すべての写真］を**タップ**

❷表示する写真を**タップ**

HINT 写真はさまざまな分類で表示できる

［写真］では撮影した写真のほか、Webページやメールから保存した画像も表示します。手順2の画面下段の［写真］は日付や撮影地別、［アルバム］は写真の形式や使用したアプリ別に写真を分類します。［For You］は写真やビデオのコレクションを提示。手軽にメモリームービーを作れます。

1 基本

2 設定

3 電話

4 メール

5 ネット

6 アプリ

7 写真

8 便利

9 疑問

次のページに続く⟶

3 写真が表示された

画面を左右にスワイプすると、
前後の写真を表示できる

画面を上に**スワイプ**

4 写真についての情報が表示された

撮影地などの詳細情報が
表示された

ここをタップすると、
一覧の画面に戻る

撮影日や撮影地ごとに写真を表示

1 撮影日と撮影地ごとに写真の一覧を表示する

189ページを参考に、[写真]
の画面を表示しておく

[日別]を**タップ**

2 撮影月ごとに写真の一覧を表示する

撮影日と撮影地ごとに写真
がまとめて表示された

[月別]を**タップ**

3 撮影年ごとに写真の一覧を表示する

撮影月と撮影地ごとに写真がまとめて表示された

[年別]を**タップ**

4 [For You]の画面を表示する

撮影年ごとに写真がまとめて表示された

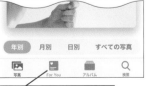

[For You]を**タップ**

5 [For You]の画面が表示された

旅行などのイベントごとにiPhoneが自動でまとめた一覧や提案が表示された

HINT [メモリー] でスライドショー動画を見る

[For You] の画面にある[メモリー]は、撮った写真を撮影日や場所などから自動的に分類し、アルバムやスライドショー動画を作成してくれる機能です。動画を再生中に画面をタップすると、編集画面が表示されます。画面左下のアイコン（⬆）をタップして[ビデオを保存]をタップすると、[写真] のアプリに動画として保存され、SNSなどに投稿もできるようになります。

次のページに続く⟶

1 基本
2 設定
3 電話
4 メール
5 ネット
6 アプリ
7 写真
8 便利
9 疑問

人物や撮影地、データの形式ごとに写真を表示

1 [アルバム]の画面で写真を
種類ごとに表示する

189ページを参考に、[写真]の
アプリを起動しておく

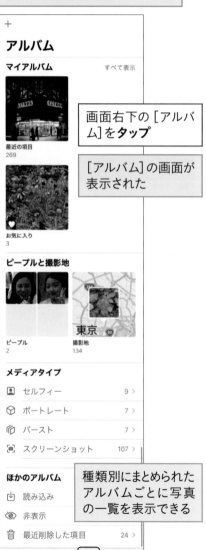

画面右下の[アルバ
ム]を**タップ**

[アルバム]の画面が
表示された

種類別にまとめられた
アルバムごとに写真
の一覧を表示できる

HINT [アルバム]では写真を
種類別に確認できる

[アルバム]は[マイアルバム][共
有アルバム][メディアタイプ]など
に写真を分類します。[マイアル
バム]では、TwitterやInstagramな
ど、利用したアプリごとに写真を
分類します。[メディアタイプ]で
は、[ビデオ][セルフィー][スクリー
ンショット]などと写真や動画の形
式別に分類されます。

HINT [ピープル]で人物写真
を分類する

[ピープル]のアルバムは顔認識
機能を使って、写真を人物ごと
に分類します。顔が写った写真
を自動的に分類するほか、[人
を追加]をタップすると、保存さ
れているすべての顔写真から人
物を追加することもできます。同
一人物が別々に表示されている
ときには、それぞれを選択して
[結合]をタップします。

第7章 写真と動画を楽しもう

070

写真

写真・動画

写真を編集するには

［写真］は写真を表示するだけでなく、多彩な編集機能も備えています。切り出し（トリミング）や回転、傾き補正、明るさ調整などを使い、写真を編集できます。写真を撮った後のひと技を知っておくと、重宝します。

写真の編集画面を表示

1 補正と加工の項目を表示する

ワザ069を参考に、編集する写真を表示しておく

［編集］を**タップ**

「この写真は補正できません」と表示されたときは、［複製して編集］をタップする

2 画面の上下に補正と加工の項目が表示された

HINT 編集した写真はいつでも元の状態に戻せる

編集した写真は、もう一度、編集画面を表示させ、編集操作をやり直したり、取り消したりすることで、元の状態に戻すことができます。

1 基本
2 設定
3 電話
4 メール
5 ネット
6 アプリ
7 写真
8 便利
9 疑問

次のページに続く──→

写真の補正・加工項目

❶調整
写真を修整する機能。［自動］を選ぶと、iPhoneが最適な写真にする。左にスワイプすると、［露出］［ブリリアンス］［ハイライト］［シャドウ］［コントラスト］［明るさ］［ブラックポイント］［彩度］［自然な彩度］［暖かみ］［色合い］［シャープネス］［精細度］［ノイズ除去］［ビネット］などの調整項目が利用できる

❷キャンセル
［キャンセル］をタップして、写真の編集内容をすべてキャンセルできる

❸調整
❶の調整項目を表示できる

❹フィルタ
写真の色合いを変更できるフィルタの一覧を表示できる

❺トリミング
不要な部分を除いて、写真を切り抜ける

写真のトリミング

1 トリミングの画面を表示する

写真の補正・加工項目を
表示しておく

ここを**タップ**

2 トリミングする範囲を選択する

四角形の枠線が
表示された

枠の四隅を**ドラッグ**して、
トリミングの範囲を選択

目盛りをスワイプすると、
傾きを調整できる

　●まめ知識　iPhoneではHEIF圧縮により、同じ画質の写真が半分のファイルサイズで保存されます。

トリミングの範囲を選択できた

ここを**タップ**

[編集]をタップして、[元に戻す]
をタップすると、元の状態に戻る

2019年10月19日
13:41

編集

1 基本

2 設定

3 電話

4 メール

5 ネット

6 アプリ

7 写真

8 便利

9 疑問

HINT 動画も細かく編集できる

[写真]のアプリで動画編集が行えます。186ページの手順を参考に、動画を選択して[編集]をタップします。撮影した動画から不必要な部分をトリミングしたり、画面を90度ずつ回転できる機能もあります。また、動画の撮影後に縦横比を16:9、スクエア（1:1）、4:3などに変更したり、表裏を反対にするなど、個性的な編集に役立つ機能もあります。

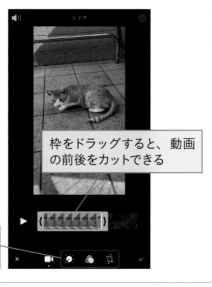

枠をドラッグすると、動画
の前後をカットできる

下段のアイコンからツールを選んで、
画質や縦横比の調整ができる

写真を共有するには

写真

写真やビデオをメールやSNSなどを利用して、共有してみましょう。共有できる
サービスがアイコンで表示されるので、簡単に共有することができます。複数
の写真をまとめて共有することもできます。

第7章　写真と動画を楽しもう

1 写真の共有画面を表示する

ワザ069を参考に、共有する写真
を表示しておく

ここを**タップ**

2 写真の共有方法を選択する

ここでは［メッセージ］で
写真を送信する

［メッセージ］を**タップ**

HINT ### 写真をいろいろな方法で共有できる

手順2の画面ではメッセージ以外に、メールに添付したり、Twitterや
Facebookでも写真を共有できます。

3 写真を送信する

写真を添付したメッセージの
作成画面が表示された

ワザ037を参考に、メッセージ
を送信する

ワザ037を参考に、メッセージ
を送信する

HINT 送信先のアプリを追加できる

前ページの手順2の画面でアプリ
のアイコン一覧を左にスワイプし
て、表示される[その他]をタップ
すると、写真を送れるアプリの一覧
が表示されます。ここに表示される
のは、App Storeからダウンロード
したものを含む写真共有に対応す
るアプリです。この画面で右上の
[編集]をタップし、[候補]にある
アプリの左の[+]をタップすると、
手順2の画面に優先的に表示され
ます。逆に、アプリの右のスイッチ
をオフにすると、そのアプリは候
補として表示されなくなります。

[その他]を**タップ**

写真を送れるアプリの一覧
が表示された

候補

- メモ
- リマインダー
- ブック
- +メッセージ
- ドライブ

HINT 共有画面から多彩な機能が利用できる

前ページの手順2の画面で[スラ
イドショー]を選ぶと、[写真]の
アプリにある写真が音楽といっ
しょに自動表示されます。[アル
バムに追加]を選ぶと、マイアル
バム内の任意のフォルダに写真を
登録したり、新規アルバムを作っ
て、写真を整理できます。[非表
示]は削除せずに、表示をオフに
する機能です。ほかの人に見られ
たくない写真などを分類するのに
便利です。

1 基本
2 設定
3 電話
4 メール
5 ネット
6 アプリ
7 写真
8 便利
9 疑問

072

写真

近くのiPhoneに転送するには

iPhone、iPad、Macを持つ人が近くにいるときには、写真などをダイレクトに送れるAirDropが便利です。モバイルデータ通信を使わないので、動画などサイズの大きいファイルをやりとりしてもパケット通信料がかからず、経済的です。

1 写真の共有画面を表示する

ワザ069を参考に、共有する写真を表示しておく

ここを**タップ**

2 送信先を選択する

❶ [AirDrop]を**タップ**

❷送信する相手を**タップ**

相手のiPhoneに共有の確認画面が表示される

HINT 複数のファイルを同時に送れる

手順2の画面で写真を左右にスワイプしてタップすると、複数の写真を選んで送信できます。また200ページの手順を参考に、写真の一覧から複数の写真を選択してから、画面左下のアイコン（📤）をタップしても同様です。

●まめ知識　AirDropで [すべての人]を選んでいても、データが勝手に送信されることはありません。

●相手の画面

AirDropで写真を受信するかどうかを確認する画面が表示された

[受け入れる]を**タップ**

写真がダウンロードされる

写真が送信できた

[送信済み]と表示された

HINT AirDropを受信できるようにするには

AirDropを使うには、受信設定をオンにして、相手のiPhoneから自分のiPhoneが検出できるようにしておく必要があります。このとき、[すべての人]を選ぶと、電車の中や人混みでも他人のiPhoneに検出されてしまいます。[受信しない]もしくは[連絡先のみ]にしておき、必要なときに設定を変えましょう。

ワザ010を参考に、コントロールセンターの通信設定の詳細画面を表示しておく

[AirDrop]を**タップ**

ここをタップして、AirDropでやりとりできる相手を選択する

写真

写真や動画を削除するには

iPhoneの容量が足りなくなったら、不要な写真やビデオ（動画）を削除しましょう。特に、ビデオはサイズが大きいので、削除することで、容量の節約になります。残しておきたいものは、事前にバックアップしておきましょう。

1 写真の選択画面を表示する

ワザ069を参考に、[すべての写真]の画面を表示しておく

[選択]を**タップ**

2 写真を選択する

❶削除する写真を**タップ**して、チェックマークを付ける

スワイプして、連続した写真を選択することもできる

❷ここを**タップ**

HINT　写真をバックアップするには

写真やビデオは、ワザ075の手順でパソコンに取り込んで保存できます。パソコンを使わなくても iCloud写真（ワザ074）をはじめ、Googleフォトなどのサービスでバックアップも可能です。

3 写真の削除を実行する

[〜枚の写真を削除]を**タップ**

選択した写真が削除される

HINT 間違って削除したときは

削除した画像は［アルバム］の［最近削除した項目］に一時的に保存されます。本体の空き容量を増やしたいときには、ここからアイテムを選び、［削除］を実行すると、すぐに削除できます。そのままにしておくと、30日以内に自動的に削除されます。

1 基本

2 設定

3 電話

4 メール

5 ネット

6 アプリ

7 写真

8 便利

9 疑問

HINT 写真を1枚ずつ削除してもいい

このワザで解説している方法は、複数の写真をまとめて削除するときに適していますが、誤ってほかの写真もいっしょに削除してしまう恐れもあります。ワザ069を参考に、1枚の写真を表示した後、右下のごみ箱アイコンをタップして［写真を削除］をタップする方法なら、写真の内容を1枚ずつ確認しながら削除できます。

ワザ069を参考に、削除する写真を表示しておく

ここを**タップ**

074

データの保存

設定

iCloudにデータを保存するには

ワザ018、ワザ019でApple IDとiCloudの設定をしておくと、撮影した写真やビデオのデータは「iCloud写真」に自動で保管されます。ここではiPhoneの中にある古い写真の保存方法を確認しておきます。

第7章 写真と動画を楽しもう

1 [写真]の画面を表示する

ワザ016を参考に、[設定]の画面を表示しておく

❶画面を下に**スクロール**

❷[写真]を**タップ**

2 iCloud写真の設定を確認する

[iCloud写真]のここをタップすると、オン/オフを切り替えられる

[iPhoneのストレージを最適化]を選択すると、古い写真やビデオのオリジナルをiCloudに保管して、本体の空き容量を効率的に使える

HINT iCloud写真の保存容量は

iCloud写真は写真やビデオを5GBまでならば、無料で期間の制限なく、保存できます。50GB（月額130円）から2TB（月額1,300円）までの3段階で、追加容量を購入することも可能です（ワザ102）。iPhone本体の保存容量が少ないときは、このサービスの利用も検討しましょう。

●まめ知識 「Retina HDディスプレイ」の「Retina」は「網膜」という意味です。

Hardware

075

データの保存

写真をパソコンに取り込むには

iPhoneを同梱のケーブルでパソコンと接続すると、iPhoneで撮影した写真やビデオをパソコンに取り込むことができます。ここではWindowsを搭載したパソコンの手順を解説します。

1 iPhoneの内容をフォルダで表示する

ワザ092を参考に、iPhoneとパソコンを接続しておく

iTunesを終了しておく

デスクトップを表示しておく

iPhoneの画面に「このコンピューターを信頼しますか?」と表示されたときは、[信頼]をタップしておく

❶[エクスプローラー]をクリック

❷iPhoneのアイコンをダブルクリック

HINT **iCloudを写真のバックアップとして使うには**

iCloud写真を写真のバックアップに使いたいときは、自動アップロードの設定後、パソコンなどを使って、アップロードされた写真をダウンロードして保管します。ほかの機器に保管する前に、iPhoneやWebブラウザーから写真を削除すると、写真が[最近削除した項目]に移動し、30日後には完全に削除されるので注意しましょう。

次のページに続く→

1 基本
2 設定
3 電話
4 メール
5 ネット
6 アプリ
7 写真
8 便利
9 疑問

2 iPhoneの写真フォルダを表示する

iPhoneの内容 (Internal Storage) が表示された

❶ [Internal Storage]を ダブルクリック

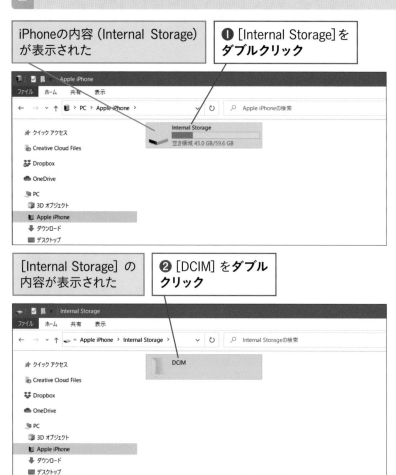

[Internal Storage] の 内容が表示された

❷ [DCIM] をダブル クリック

HINT Googleフォトに保存するときは注意しよう

iPhone SEシリーズは、写真はHEIF形式、動画はHEVC形式で保存される初期設定になっています。iPhoneから「Googleフォト」などのクラウドサービスにアップロードするときは、一般的なJPEG / MOV形式で保存しておくことをおすすめします。[設定] - [カメラ] - [フォーマット] の画面で [互換性優先] を選んでおきましょう。ただし、スマートフォン以外にパソコンなどの機器を一切使わないならば、記憶領域が節約できるHEIF形式、HEVC形式で保存するメリットはあります。自分の使い方に応じて選びましょう。

3 パソコンに写真をコピーする

[DCIM]の内容が表示された | ❶ フォルダを**ダブルクリック**

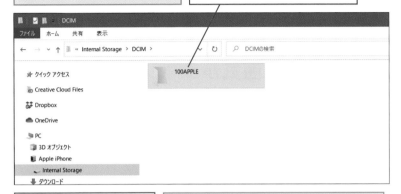

❷ [Ctrl] + [A] キーを**押す** | iPhoneにある写真がすべて選択された

❸ ここにマウスポインターを
合わせる

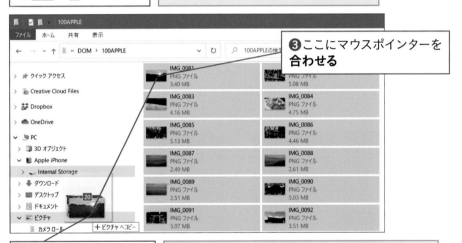

❹ [ピクチャ]に**ドラッグ** | iPhoneで撮影した写真をパソコンにコピーできた

1 基本

2 設定

3 電話

4 メール

5 ネット

6 アプリ

7 写真

8 便利

9 疑問

HINT MacでiPhoneの写真を取り込むには

iPhoneを同梱のケーブル (Lightning - USBケーブル、またはUSB-C - Lightningケーブル) でMacと接続すると、標準で搭載されている画像管理ソフト「写真」を使って、写真を取り込めます。また、「プレビュー」を起動し、[ファイル] メニューから [○○ の iPhoneから読み込む] を選ぶと、任意のフォルダに写真を保存することもできます。

COLUMN

料理の写真の雰囲気が
ガラリと変わるひと工夫

料理の写真を撮る際、どんな視点で撮っていますか？　普段と同じように料理を斜め上から見下ろすだけでなく、視点を変えてみると、写真の出来上がりが変わります。たとえば、凝視するように、料理に近づいてみましょう。材料の様子がよくわかり、アツアツ感やみずみずしさといった、いわゆる「シズル感」が出てくるはずです。また、料理の盛り付けや全体の様子を説明的に撮るときは、真上から見下ろす「真俯瞰」から、［スクエア］モード（ワザ063）で撮るのがおすすめです。このとき、器を正方形のなかに収めて、幾何学的に撮ると、整った印象を強調できます。

iPhoneを料理に近づけて撮る。画面をタップすると、自動的にピントや露出調整をしてくれる

真俯瞰から撮るときは、背景にテーブルクロスなどを敷くなどの工夫をすると雰囲気が大きく変わる

第8章

iPhoneをもっと
使いやすくしよう

壁紙を変更するには

ホーム画面とロック画面の背景に表示される壁紙を変更してみましょう。壁紙はあらかじめ用意されている画像だけでなく、自分で撮った写真も設定できます。また、ホーム画面とロック画面には別の壁紙が設定できます。

第8章　iPhoneをもっと使いやすくしよう

1 [壁紙]の画面を表示する

ワザ016を参考に、[設定]の画面を表示しておく

❶画面を下に**スクロール**

❷[壁紙]を**タップ**

2 壁紙の設定画面を表示する

[壁紙を選択]を**タップ**

HINT　iPhoneで撮影した写真を壁紙にできる

手順3の上の画面で[すべての写真]を選ぶと、撮影した写真の一覧画面が表示されるので、設定したい写真をタップします。ピンチ操作（ワザ004）で写真を拡大し、一部だけを壁紙にすることもできます。

3 壁紙を選択する

ここではあらかじめ用意されて
いる画像を選択する

❶ [静止画]をタップ

| 壁紙の一覧が 表示された | ❷壁紙に設定する画像を**タップ** |

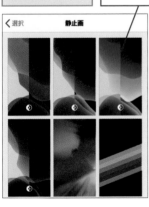

4 壁紙を設定する

❶ [設定]を**タップ**

ここではホーム画面に
壁紙を設定する

❷ [ホーム画面に設定]を**タップ**

壁紙が設定される

1 基本

2 設定

3 電話

4 メール

5 ネット

6 アプリ

7 写真

8 便利

9 疑問

HINT 目に優しい「ダークモード」も使える

手順2の画面で [ダークモードで壁紙を暗くする]をオンにすると、次ページ
の手順1の画面で [外観モード] を [ダーク] にしたとき、壁紙もやや暗く表
示されます。ダークモードの利用中はメニューなども黒地に白文字のように
色調が暗くなり、暗い場所で使うときの目への負担を軽減できます。

077

設定

画面と本体の設定

ロックまでの時間を変えるには

第8章 iPhoneをもっと使いやすくしよう

iPhoneは一定時間、操作がなかったとき、自動的にロックされる「自動ロック」機能があります。短い時間で画面が消えてしまうと、その都度、ロック解除が必要になってしまうので、適度な時間を設定しましょう。

1 [自動ロック]の画面を表示する

ワザ016を参考に、[設定]の画面を表示しておく

❶ [画面表示と明るさ]を**タップ**

❷ [自動ロック]を**タップ**

2 自動ロックの時間を変更する

ここでは3分以上、操作しなかったときに自動ロックするように設定する

[3分]を**タップ**

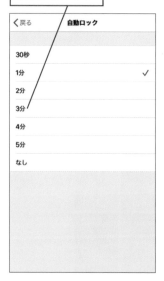

HINT 画面をこまめに消せば、バッテリーが長持ちする

自動ロックの時間を短めに設定すると、iPhoneを操作せずに設定した時間が経過したとき、画面が表示されなくなり、電力消費を抑えることができます。結果的に、バッテリーの使用可能時間も長くなります。

210　●まめ知識　動画を画面いっぱいに表示したいときには、[画面縦向きのロック]をオフにします。

画面の自動回転を固定するには

アプリによっては、iPhoneを横向きに持つと画面の表示も自動で回転し、画面が横長に表示されます。ベッドに横になってiPhoneを使うときなどに [画面縦向きのロック] をオンにすると、画面が自動で回転しなくなります。

1 画面の回転を固定する

ワザ010を参考に、コントロールセンターを表示しておく

[画面縦向きのロック]を**タップ**してオンに設定

2 画面の回転が固定された

[画面縦向きのロック] がオンに設定された

1 基本

2 設定

3 電話

4 メール

5 ネット

6 アプリ

7 写真

8 便利

9 疑問

HINT コントロールセンターの項目はカスタマイズできる

[設定] の画面の [コントロールセンター] - [コントロールをカスタマイズ]で、コントロールセンターに表示される項目を追加したり、非表示にすることができます。自分の利用スタイルに合わせて変更しておくと便利です。

079

画面と本体の設定

ホームボタンの感触を変更するには

設定

iPhone SE（第2世代）のホームボタンは、初代iPhone SEやiPhone 6sシリーズ以前と構造が違い、押したときの感触の強さを3段階から選べます。実際に試してみて、押したことがしっかりと感じられる強さに設定しましょう。

1 [一般]の画面を表示する

ワザ016を参考に、[設定]の画面を表示しておく

❶画面を下にスクロール

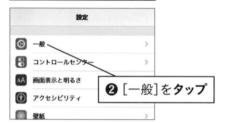

❷[一般]をタップ

2 ホームボタンの設定画面を表示する

[一般]の画面が表示された

[ホームボタン]をタップ

3 ホームボタンの感触の強さを選択する

ここでは強さを最大に設定する

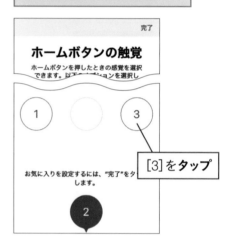

[3]をタップ

4 ホームボタンの感触を確認する

❶ホームボタンを押す

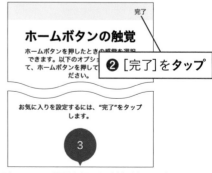

❷[完了]をタップ

●まめ知識　iPhone 7以降のホームボタンは機械式ではないので、電源を切ると感触が伝わりません。

080

設定

暗証番号でロックをかけるには

iPhoneには連絡先やメールなど、大切な個人情報がたくさん記録されています。
紛失や盗難に遭ったとき、iPhoneにある情報を不正に使われないように、パス
コード（暗証番号）を設定しておきましょう。

パスコードの設定

1 [Touch IDとパスコード]の画面を表示する

ワザ016を参考に、［設定］の画面を表示しておく

❶画面を下に**スクロール**

❷［Touch IDとパスコード］を**タップ**

2 [パスコードを設定]の画面を表示する

❶画面を下に**スクロール**

❷［パスコードをオンにする］を**タップ**

初期設定時にパスコードを有効にしたときは、パスコードを入力すると、［パスコードロック］の画面が表示される

1 基本

2 設定

3 電話

4 メール

5 ネット

6 アプリ

7 写真

8 便利

9 疑問

次のページに続く──➡

3 パスコードを設定する

6けたのパスコードを**入力**

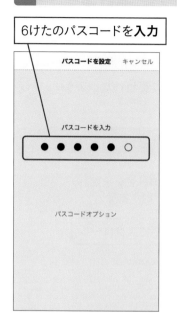

4 パスコードを再入力する

もう一度、同じ6けたの
パスコードを**入力**

Apple IDの確認画面が表示
されたときは、［キャンセ
ル]をタップする

HINT パスコードは忘れない
ようにしよう

パスコードを忘れてしまうと、
iPhoneをリセットする必要があり
ます。リセットすると、iPhoneに
保存されているデータは消去さ
れてしまいます。忘れにくく、他
人に類推されにくいパスコードを
設定しましょう。

5 パスコードが設定された

表示が［パスコードをオフにする]
に切り替わった

［パスコードを要求]をタップする
と、パスコードが要求されるまで
の時間を設定できる

●まめ知識 ロック解除時にパスコードの入力を何度も間違えると、一定時間、入力できなくなります。

第8章 iPhoneをもっと使いやすくしよう

パスコードロックの解除

1 iPhoneのロックを解除する

ワザ003を参考に、スリープを解除する

ホームボタンを**押す**

2 パスコードが要求された

設定したパスコードを**入力**

正しいパスコードを入力すると、操作画面が表示される

HINT より複雑なパスコードを設定できる

ここでは6けたの数字によるパスコードを設定しましたが、前ページの手順3の画面で［パスコードオプション］をタップすると、4けたの数字によるパスコードや英数字を含めたパスコードを設定できます。ビジネスで使うなど、より高いセキュリティが必要なときは、より複雑なパスコードを設定しましょう。

［パスコードオプション］をタップすると、英数字を組み合わせたパスコードを設定できる

> カスタムの英数字コード
>
> カスタムの数字コード
>
> 4桁の数字コード
>
> キャンセル

1 基本
2 設定
3 電話
4 メール
5 ネット
6 アプリ
7 写真
8 便利
9 疑問

081

設定

指紋認証を設定するには

iPhoneのホームボタンには、指紋認証センサーによる「Touch ID」が内蔵されています。このワザで指紋を登録しておくと、指先でホームボタンに触れるだけで、ロック解除やアプリの購入ができるようになります。

指紋認証の設定

1 [パスコードロック]の画面を表示する

ワザ080を参考に、パスコードを設定し、[設定]の画面を表示しておく

❶画面を下にスクロール

❷[Touch IDとパスコード]をタップ

2 指紋の登録画面を表示する

[指紋を追加]をタップ

HINT 指紋でロックを解除するには

ロックを解除するときは、ホームボタンを短く押してスリープを解除し、指紋を登録した指でホームボタンに触れます。ホームボタンを押し続ける必要はありません。[やり直す]と表示されたときは、一度、指を離し、ホームボタンの上に指を置くと、再び読み取りが行なわれます。

登録した指紋を削除するには

登録した指紋を削除したいときは、次ページの手順6の画面で、登録した指紋をタップします。複数の指紋を登録しているときは、手順6の画面を表示しているとき、ホームボタンにタッチすると、タッチした指の指紋名がグレーの表示に変わります。

❶手順6の画面で指紋名を**タップ**

❷[指紋を削除]を**タップ**

< Touch IDとパスコード

指紋1

指紋を削除

1 基本

2 設定

3 電話

4 メール

5 ネット

6 アプリ

7 写真

8 便利

9 疑問

3 指紋のスキャンを開始する

ロック解除に使う指でホームボタンを何度か**タッチ**

画面に表示された指紋がすべて赤い線になるまで、タッチをくり返す

4 指紋のスキャンを続ける

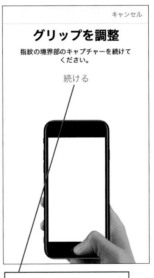

❶[続ける]を**タップ**

❷ロック解除に使う指のふちでホームボタンを何度か**タッチ**

画面に表示された指紋がすべて赤い線になるまで、ホームボタンの外周を含めて、タッチをくり返す

次のページに続く──→

5 Touch IDの設定を完了する

完了

Touch IDの準備ができました。指紋認識で
iPhoneのロックを解除できます。

続ける

［続ける］を**タップ**

6 Touch IDの設定が完了した

［指紋1］と表示され、
指紋が登録された

❮設定　　Touch IDとパスコード

TOUCH IDを使用:

iPhoneのロックを解除

iTunes StoreとApp Store

Apple Pay

パスワードの自動入力

指紋

指紋1　　　　　　　　　　　　❯

指紋を追加...

パスコードをオフにする

パスコードを変更

［指紋を追加］をタップすれば、
ほかの指も登録できる

HINT　複数の指を登録しておくには

手順6の画面で［指紋を追加］をタップすると、ほかの指の指紋も登録する
ことができます。両手で操作するときや指を負傷したときなども考慮して、
ホームボタンを押すときに使う複数の指の指紋を登録しておきましょう。

HINT　アプリや曲の購入に指紋認証を使うには

手順6の画面で［iTunes StoreとApp Store］をオンにすると、iTunes Store
やApp Storeで音楽やアプリをダウンロードするとき、Apple IDのパスワー
ドを入力する代わりに、指紋認証を利用できます。

082

セキュリティの設定

2ファクタ認証を設定するには

設定

2ファクタ認証（二段階認証）を設定すると、登録済みの電話番号やiPhoneがないと、新たにApple IDにサインインできなくなり、第三者が不正にサインインすることを防止できます。設定しておくことを強くおすすめします。

1 基本
2 設定
3 電話
4 メール
5 ネット
6 アプリ
7 写真
8 便利
9 疑問

1 [Apple ID設定の提案]の画面を表示する

ワザ018を参考に、Apple IDを設定しておく

ワザ016を参考に、[設定]の画面を表示しておく

[2ファクタ認証を有効にする]を**タップ**

この操作ができない場合は、次ページ手順7に進む

2 2ファクタ認証を有効にする

[Apple ID設定の提案]の画面が表示された

[有効にする]を**タップ**

3 本人確認についての電話番号を設定する

❶電話番号を**入力**

❷[SMS]を**タップ**

❸画面右上の[次へ]を**タップ**

電話番号の確認は[音声通話]をタップして、通話からもできる

4 確認コードを入力する

手順3で設定した電話番号に確認コードが届く

確認コードを**入力**

次のページに続く→

5 Apple IDのパスワードを入力する

[Apple IDパスワード]の画面が
表示された

❶パスワードを入力

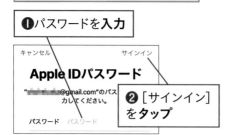

❷[サインイン]
をタップ

6 Apple IDの設定をアップデートする

手順1の画面を
表示しておく

❶[Apple ID設定
をアップデート]を
タップ

❷[続ける]
をタップ

❸Apple IDのパ
スワードを入力

❹[サインイン]
をタップ

パスコードの入力画面が表示された
ら、パスコードを入力する

7 2ファクタ認証の設定内容を確認する

ワザ019を参考に、[iCloud]の
画面を表示しておく

[パスワードと
セキュリティ]
をタップ

8 2ファクタ認証が設定できた

[パスワードとセキュリティ]の
画面が表示された

[2ファクタ認証]を[オン]に
設定できた

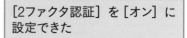

HINT 「確認コード」って何?

ほかの機器でApple IDにサイン
インするとき、6桁の確認コード
が必要になります。通常は自動
で表示されますが、手順8の[確
認コードを入手]で表示すること
もできます。

●まめ知識　2ファクタ認証の電話番号には自宅の固定電話を追加することもできます。

Apple Payの準備をするには

[Wallet] を使い、Apple Pay対応のクレジットカードやSuicaを登録しておけば、コンビニのレジや駅の改札にiPhoneをかざすことで、商品代金を支払ったり、電車に乗ったりすることができます。

Apple Payに登録できる電子マネー

iPhoneには非接触ICカード「FeliCa」の機能が内蔵されていて、電子マネーなどに利用できます。日本の携帯電話やスマートフォンで一般的な「おサイフケータイ」と同じような機能です。国内発行されている大半のクレジットカードは、このワザの手順でiPhoneに登録することで、電子マネーの「QUICPay」か、「iD」のいずれかとして利用できます。登録時に「Suica」を選択すれば、Suicaを新規登録することもできます。ただし、Suicaを電子マネーとして使う場合は、あらかじめクレジットカードなどで残高をチャージしておく必要があります。

●Apple Payの仕組み

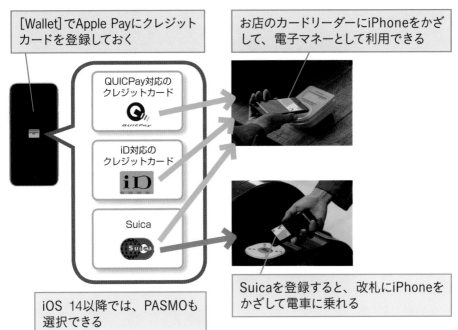

[Wallet] でApple Payにクレジットカードを登録しておく

お店のカードリーダーにiPhoneをかざして、電子マネーとして利用できる

QUICPay対応の
クレジットカード

iD対応の
クレジットカード

Suica

Suicaを登録すると、改札にiPhoneをかざして電車に乗れる

iOS 14以降では、PASMOも選択できる

次のページに続く→

1 基本
2 設定
3 電話
4 メール
5 ネット
6 アプリ
7 写真
8 便利
9 疑問

Apple Payで使用するクレジットカードの追加

1 [Wallet]を起動する

ワザ080を参考に、パスコードを
設定しておく

ワザ081を参考に、Touch IDを
設定しておく

[Wallet]を**タップ**

位置情報の利用に関する確認画面
が表示されたときは、[Appの使用
中は許可]をタップする

HINT パスコードとTouch IDを登録しておこう

Apple Payを使うには、ワザ
080と081で解説したパスコード
とTouch ID（指紋認証）を事前
に設定しておく必要があります。
「Suica」は認証なしでも使えます
が、「QUICPay」や「iD」で支払
うときには、毎回、Touch IDか、
パスコードの操作が必要です。

2 カードの追加を開始する

[Wallet]が起動した

❶ここを**タップ**

[Apple Payの設定]の画面が表示さ
れたときは、Touch IDとパスコード
を設定する

❷[続ける]を**タップ**

●まめ知識　「VIEW」ブランドのクレジットカードがあれば、Suicaのオートチャージも利用できます。

第8章　iPhoneをもっと使いやすくしよう

3　カードの種類を選択する

ここではクレジットカードを
追加する

< 戻る
カードの種類
Apple Payに追加するカードの種類を選択。

支払い用カード
クレジット/プリペイドカード　>

交通系ICカード
Suica　>

[クレジット/プリペイドカード]
を**タップ**

4　クレジットカードを読み取る

Apple Payに登録するクレジット
カードを準備しておく

カメラが起動し、カードの読み
取り画面が表示された

クレジットカードを枠内に**映す**

< 戻る

カードを追加
枠内にカードを入れてください。

カード情報を手動で入力

カード情報を手動で入力するには、
ここをタップする

5　カードの種類を選択する

自動で読み取られたカード情報
が表示された

❶[名前]と[カード番号]の内容を
確認

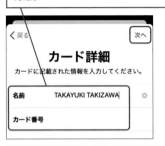

< 戻る　　　　　　　　　　次へ
カード詳細
カードに記載された情報を入力してください。

名前　　　TAKAYUKI TAKIZAWA　⊗
カード番号

読み取った情報を訂正するには、
⊗をタップして、入力し直す

❷画面右上の[次へ]を**タップ**

6　セキュリティコードを入力する

カード裏面に記載されているセキュ
リティコードを入力する

❶[有効期限]の内容を**確認**

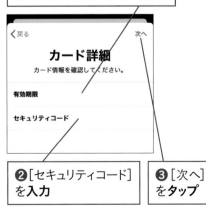

< 戻る　　　　　　　　　　次へ
カード詳細
カード情報を確認してください。

有効期限

セキュリティコード

❷[セキュリティコード]
を**入力**

❸[次へ]
を**タップ**

1 基本

2 設定

3 電話

4 メール

5 ネット

6 アプリ

7 写真

8 便利

9 疑問

次のページに続く──→

7 利用条件を確認する

Apple Payの利用条件が
表示された

❶利用条件を**確認**

❷[同意する]を**タップ**

8 利用可能なサービスを確認する

利用できる電子マネーの
種類が表示された

[次へ]を**タップ**

9 カードの認証方法を選択する

[カード認証]の画面が表示された

ここではSMSで認証コードを
受け取る

❶[SMS]にチェックマークが
付いていることを**確認**

❷[次へ]を**タップ**

クレジットカードの種類によって
は、SMSではなく、電話など、
ほかの手段でカード認証を行な
うこともある

●まめ知識　Suicaの登録は手順3で[Suica]をタップし、カード裏面のSuica ID下4けたを入力します。

10 カードを認証する

ワザ038を参考に、[メッセージ] で受信した認証コードを表示して おく

❶認証コードを確認

もう一度、[Wallet]の 画面を表示しておく

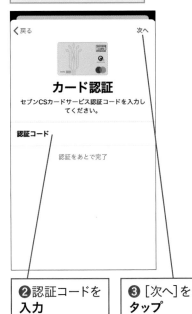

❷認証コードを 入力

❸[次へ]を タップ

11 カードの追加を完了する

[アクティベート完了]の 画面が表示された

[完了]を**タップ**

カードの画面が表示された

カードを下にスワイプすると、 手順2の画面に戻る

ホームボタンを押して、[Wallet]を 終了しておく

1 基本

2 設定

3 電話

4 メール

5 ネット

6 アプリ

7 写真

8 便利

9 疑問

次のページに続く──➔

クレジットカードの確認

1 [WalletとApple Pay]の画面を表示する

ワザ016を参考に、[設定]の画面を表示しておく

[WalletとApple Pay]を**タップ**

2 メインカードを確認する

[WalletとApple Pay]の画面が表示された

[メインカード]に追加したクレジットカードが表示されていることを確認しておく

第8章 iPhoneをもっと使いやすくしよう

HINT Suicaを認証操作なしで使うには

JR東日本の電子マネー「Suica」を登録すると、手順2の画面に[エクスプレスカード]という項目が表示されます。この[エクスプレスカード]に設定しておくと、そのSuicaは認証などの操作なしに、iPhoneをかざすだけで利用できるようになります。iPhone内のSuicaを使いたくないときは、エクスプレスカードを「なし」に設定しましょう。

●まめ知識　複数のクレジットカードを登録したときは、よく使うものを[メインカード]に設定します。

084

Apple Pay

Apple Payで
支払いをするには

Wallet

iPhoneに登録したApple Payは、このワザの手順で利用できます。エクスプレスカードに設定されたSuicaは、何も操作をしなくても使えますが、コンビニのレジなどでは「Suicaを使う」と伝えてから、支払いをします。

1 レジの前で[Wallet]を起動する

支払いに使う電子マネーの種類（iD、QUICPay、Suica）を店員に伝えておく

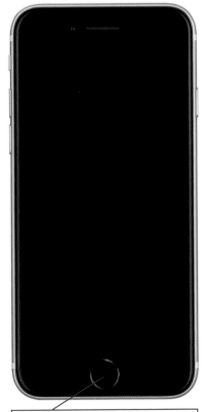

ホームボタンをすばやく2回押す

2 指紋認証を行なう

[Wallet]が起動し、使用するカードが表示された

❶使用するカードを**確認**

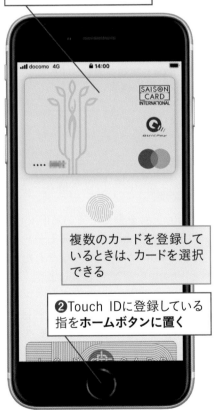

複数のカードを登録しているときは、カードを選択できる

❷Touch IDに登録している指を**ホームボタンに置く**

1 基本
2 設定
3 電話
4 メール
5 ネット
6 アプリ
7 写真
8 便利
9 疑問

次のページに続く──→

3 カードリーダーにかざして
支払いする

指紋認証が完了し、［リーダーに
かざしてください］と表示された

iPhoneの上端側をカード
リーダーにかざす

Apple Payで支払いができる

HINT　指紋が認証されない
ときは

指をホームボタンに置き直すこと
で、再認証できます。また、パ
スコードを入力して支払うことも
できます。

パスコードを入力して、
支払うこともできる

HINT　Apple Payが設定してあるiPhoneを紛失したときは

Apple Payを登録しているiPhoneを紛失したときは、ワザ100の遠隔操作
の手順でiPhoneを［紛失モード］にすることで、Apple Payを無効化できま
す。iPhoneが見つからなかったときは、［iPhoneを消去］でApple Payご
とiPhoneを初期化しましょう。Apple Payの電子マネーは消去しても別の
iPhoneに同じApple IDでサインインすれば、再登録できます。Suicaの場合、
元のiPhoneで消去されていれば、残高も引き継げます。遠隔操作でSuica
を消去できなかった場合、モバイルSuicaのWebサイトで再発行手続きをす
ることで、翌日以降にSuicaを引き継ぐことができます。故障や機種変更時
も同様にSuicaを消去するか、再発行することで、引き継ぐことができます。

モバイルSuicaのログインページ

https://www.mobilesuica.com/

085

Siri

📱
iOS

声で操作する「Siri」を使うには

Siriは音声でiPhoneを操作できる機能です。iPhoneに向かって話すだけで、天気を調べたり、メールを送ったりできます。ホームボタンを2〜3秒押すだけで起動できるうえ、人と話すような自然な会話で使えるのが特徴です。

1 基本

2 設定

3 電話

4 メール

5 ネット

6 アプリ

7 写真

8 便利

9 疑問

Siriを使った操作

1 Siriを起動する

ここでは東京の天気を確認する

❶ホームボタンを2〜3秒**押し続ける**

Siriが起動した

> ご用件は
> 何でしょう?

Siriの説明画面が表示されたときは、[Siriをオンにする]をタップして、Siriをオンにする

音声入力の例が表示されたときは、画面下のアイコンをタップする

❷「東京の天気は?」と**話しかける**

2 Siriが応答した

Siriが応答し、東京の天気が表示された

このアイコンをタップすると、続けて音声を入力できる

ホームボタンを押すと、Siriを終了できる

次のページに続く→

Siriを使ってできること

Siriは何か情報を調べるだけでなく、iPhoneの機能を使ったり、設定を変更したりできます。たとえば、電話をかけたり、メッセージを送信したり、画面の明るさを変えたりできます。操作がわからなくなったときは、左下の●をタップすると、何ができるのかが表示されるので、確認してみましょう。

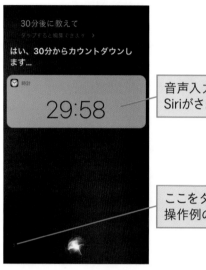

音声入力した内容に合わせて、Siriがさまざまな応答をする

ここをタップすると、Siriの操作例の一覧が表示される

●音声入力とSiriの応答例

音声入力（日本語）	応答例
画面を明るくして	画面が少し明るく設定される
おやすみモードをオンにして	おやすみモード（ワザ087）がオンになる
近くに郵便局はある？	近隣の郵便局を検索
先週撮った写真を見せて	先週撮影した写真が表示される
田中さんに「今向かっています」と伝えて	連絡先に登録してある田中さんに「今向かっています」とメッセージを送信
3時に会議を設定	「午後3時の会議」をカレンダーに追加
78ドルは何円？	現在のレートで外貨を調べる
家を出るときに銀行の用事を思い出させて	家を出るときに「銀行の用事」と教えてくれるリマインダーを登録する
明日6時に起こして	午前6時にアラームをセット
30分たったら教えて	30分のタイマーをセット

●まめ知識　Siriは日本のプロ野球やプロサッカーリーグの試合結果や成績も調べられます。

1 基本

2 設定

3 電話

4 メール

5 ネット

6 アプリ

7 写真

8 便利

9 疑問

HINT Siriの位置情報サービスをオンにするには

Siriの一部の機能は、位置情報サービスを利用します。Siriを使っていて、位置情報サービスをオンにするように表示されたら、["位置情報サービス"設定]をタップし、[Siriと音声入力]をタップして、[このAppの使用中のみ許可]を選択してください。

HINT ロック画面でSiriを使いたくないときは

SiriはiPhoneの画面がロックされているときでもホームボタンを長押しすることで、起動できます。パスコードや指紋認証を設定していてもSiriを起動すれば、電話をかけたり、カレンダーの予定を表示したりするなど、一部の機能を使って、個人情報を表示することができてしまいます。そのため、ロックをかけていてもiPhoneを紛失したとき、第三者に悪用されてしまうリスクがあります。このリスクを避けたい場合は、[設定]の[Siriと検索]の画面で、[ロック中にSiriを許可]をオフにしておきましょう。

> ロック中でもSiriが許可されていると、個人情報が悪用されるおそれがある

> ワザ016を参考に、[設定]の画面を表示しておく

> ❶ [Siriと検索]を**タップ**

> ❷ [ロック中にSiriを許可]のここをタップしてオフに**設定**

‹設定	Siriと検索	
SIRIに頼む		
"Hey Siri"を聞き取る		⬤
ホームボタンを押してSiriを使用		⬤
ロック中にSiriを許可		⬤
言語	日本語	›
Siriの声	女性	›
音声フィードバック	常に	›
自分の情報	なし	›
Siriおよび音声入力の履歴		›

Siriに話しかけるだけでさまざまなことができます。"Siriに頼む"とプライバシーについて...

SIRIからの提案		
検索の候補		⬤
"調べる"の候補		⬤

> ロック中にSiriが起動できなくなる

渡辺真由美さんに電話をかけて

渡辺真由美 - iPhoneに発信します...

086

設定

Siri

Siriを声だけで起動するには

このワザの手順で設定すると、iPhoneに「Hey Siri（ヘイ、シリ）」と話しかけるだけでSiriを使えるようになります。たとえば、料理中、iPhoneに触れずに、タイマーをスタートさせるといった使い方ができます。

第8章 iPhoneをもっと使いやすくしよう

1 ［Siriと検索］の画面を表示する

ワザ016を参考に、［設定］の画面を表示しておく

［Siriと検索］を**タップ**

2 Hey Siriをオンにする

❶［ホームボタンを押してSiriを使用］がオンになっていることを**確認**

❷［"Hey Siri"を聞き取る］のここを**タップ**してオンに設定

HINT Siriへの話しかけ方を工夫しよう

「Hey Siri」を使うときは、たとえば、「Hey Siri（ヘイ、シリ）、3分のタイマーをセット」のように、音声コマンドまでを一気に話しかけると、認識されやすくなります。

●まめ知識 ［Siriと検索］の画面の［ショートカット候補］では、よく使う機能に呼び方を設定できます。

3 Hey Siriの設定を開始する

[続ける]を**タップ**

"Hey Siri"を設定

"Hey Siri"と話しかけたときに、Siriがあなた
の声を認識します。

続ける

4 Hey Siriに自分の声を設定する

Siriが持ち主の声だけに反応
するように設定する

「ヘイ、シリ」と**話しかける**

キャンセル　　　　1/5

iPhoneに向かっ
て、"Hey Siri"と言
ってください

5 Hey Siriの設定を続ける

声が認識されると、次の画面が
表示される

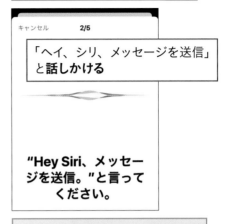

キャンセル　　　2/5

「ヘイ、シリ、メッセージを送信」
と**話しかける**

"Hey Siri、メッセー
ジを送信。"と言って
ください。

画面の指示に従って、話しかける
操作をくり返す

6 Hey Siriの設定を完了する

自分の声が設定された

"Hey Siri"の準備がで
きました

"Hey Siri"と話しかけると、Siriはいつでもあ
なたの声を認識します。

[完了]を**タップ**

完了

iPhoneに「ヘイ、シリ」と話しかける
と、Siriを起動できるようになる

「ヘイ、シリ、3分のタイマーをセッ
ト」のように、音声コマンドまでを一
気に話しかけると、認識されやすい

1 基本

2 設定

3 電話

4 メール

5 ネット

6 アプリ

7 写真

8 便利

9 疑問

087

iOS

就寝中の通知をオフにするには

[おやすみモード] をオンにすると、各種通知が届かなくなります。就寝中や会議中など、着信や通知を受けたくないときに使いましょう。 アラームやタイマーは鳴ります。細かい設定は [設定]の画面の [おやすみモード]で行なえます。

おやすみモードの有効化

1 おやすみモードの機能を有効にする

ワザ010を参考に、コントロールセンターを表示しておく

ここを**タップ**して、おやすみモードをオンに設定

2 おやすみモードの機能が有効になった

[おやすみモード]がオンに設定された

iPhoneの画面ロック中に着信などが通知されなくなった

HINT おやすみモードを切り忘れないように設定しておこう

手順1でおやすみモードのアイコンをロングタッチすると、おやすみモードをオフにして通常状態に戻すタイミングを設定できます。この方法を使うと、おやすみモードをオフにするのを忘れ、通知が受け取れなくなってしまうことを防ぐことができます。

088

便利な設定

アプリの通知を設定するには

設定

iPhoneにインストールされているアプリの新着通知は、アプリごとに通知方法や通知のオン/オフを設定できます。不要な通知をオフにしておけば、不必要に煩わされず、必要な通知に気がつきやすくなります。

通知の設定画面の表示

1 [通知]の画面を表示する

ワザ016を参考に、[設定]の画面を表示しておく

[通知]をタップ

2 [通知]の画面が表示された

一覧から通知センターに表示するアプリと内容を設定する

HINT ロック画面に表示される通知に注意しよう

ロック画面はパスコードなどを入力しなくても他人に見られる可能性があります。手順4の画面でアプリごとにロック画面に通知を表示するかを設定できるので、見られたくない通知は[ロック画面]をオフにしておきましょう。

次のページに続く──→

1 基本

2 設定

3 電話

4 メール

5 ネット

6 アプリ

7 写真

8 便利

9 疑問

HINT 通知のスタイルは好みに合わせて選べる

iPhoneを起動しているときに表示される[バナー]による通知方法は、手順4の画面で選ぶことができます。[一時的]は一定時間でバナーが消えますが、[持続的]はタップして通知を確認するか、上にスワイプするまで、バナーが消えません。スケジュールの通知など、見落としたくないものは、[持続的]で表示するなど、自分に合った設定にしましょう。

◆バナー
画面上部に「一時的」に表示するか、確認の操作をするまで「持続的」に表示するかを選べる

アプリごとの通知の設定

3 アプリの通知の設定画面を表示する

ここでは[メール]の通知の設定を変更する

❶画面を下にスクロール

❷[メール]をタップ

複数のアカウントが表示されたときは、設定するアカウントをタップする

4 通知の表示方法を選択する

[バナー]のここをタップ

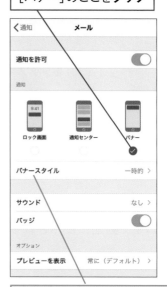

[バナースタイル]をタップすると、表示のタイミングを選択できる

●まめ知識 App Storeではニュース速報や気象警報を通知するアプリも配信されています。

1 基本

2 設定

3 電話

4 メール

5 ネット

6 アプリ

7 写真

8 便利

9 疑問

5 ロック画面の表示を設定する

ここではロック画面に[メール]の
通知が表示されるようにする

❶[ロック画面]のここを**タップ**

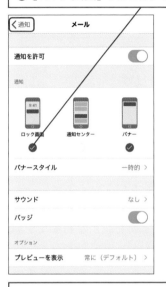

❷画面左上にある[通知]を
タップ

6 アプリの通知の設定が
変更された

[メール]の通知方法が変更された

HINT 通知の「プレビュー」に注意しよう

一部のアプリからの通知はメッ
セージの冒頭などが[プレビュー]
として表示されます。手順2の画面
で[プレビューを表示]を[ロック
されていないときのみ]にしておく
と、Touch IDで指紋認証されるま
で、プレビューが表示されなくなる
ので、ほかの人にメールの内容な
どを見られにくくなります。

[プレビューを表示]がオンだと
メールの内容が表示される

次のページに続く──➡

HINT アプリのアイコンに新着件数を表示できる

アプリによっては、新着通知の件
数をホーム画面のアプリアイコンに
「バッジ」として表示できるものがあ
ります。バッジの表示に対応する
アプリは、手順5の画面の［バッジ］
でバッジ表示のオン／オフを切り替
えることができます。

◆バッジ
未読のメールの件数などがアイコ
ンの右上に表示される

HINT 通知から通知の設定を変更できる

通知センターやロック画面に表示されている通知を左にスワイプして［管
理］をタップした後、［目立たない形で配信］をタップすると、ロック画面
での表示やサウンド再生などを一括して、オフにする簡易設定が可能です。
この方法で通知の簡易設定をした後も、ここで解説した手順で細かく設定
し直したり、元の設定に戻すこともできます。

ワザ009を参考に、通知センターから
ウィジェットの画面を表示しておく

❶通知を左に**スワイプ**

❷［管理］を**タップ**

❸［目立たない形で配信］を
タップ

ロック画面への通知などがオフ
になるように設定できた

便利な設定

089

テザリングを利用するには

設定

[インターネット共有]（テザリング）を使うと、iPhoneのデータ通信に相乗りして、ほかのノートパソコンやタブレットなどの機器をインターネットに接続できます。契約プランによってはオプション契約が必要になります。

アクセスポイントのパスワード（暗号化キー）の設定

1 [インターネット共有]の画面を表示する

ワザ016を参考に、[設定]の画面を表示しておく

[インターネット共有]
を**タップ**

2 パスワードの設定画面を表示する

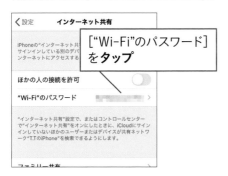

["Wi-Fi"のパスワード]
を**タップ**

3 パスワードを設定する

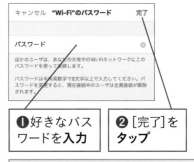

❶好きなパスワードを**入力**

❷[完了]を**タップ**

アクセスポイントのパスワードが設定された

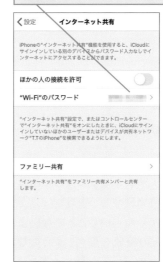

右側のインデックス:

1 基本
2 設定
3 電話
4 メール
5 ネット
6 アプリ
7 写真
8 便利
9 疑問

次のページに続く――→

［インターネット共有］の有効化

1 インターネット共有を設定する

前ページの手順を参考に、
［インターネット共有］の
画面を表示しておく

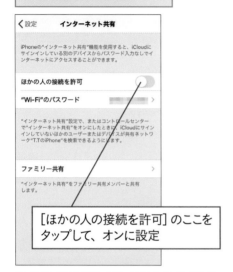

［ほかの人の接続を許可］のここを
タップして、オンに設定

Wi-Fi（無線LAN）がオフのときは、
確認の画面が表示されるので、
［Wi-Fiをオンにする］をタップする

2 インターネット共有を設定できた

ほかの機器からiPhoneに接続す
ると、ここが青く表示される

インターネット共有を利用しないとき
は、［ほかの人の接続を許可］のここ
をタップして、オフに設定しておく

HINT USB接続経由のインターネット共有に注意しよう

パソコンの場合、Wi-Fi（無線LAN）接続だけでなく、同梱のケーブルで接続することでもインターネット接続を共有できます。ただし、iPhoneを充電するつもりでパソコンと接続したのに、知らないうちにインターネット接続を共有していたということのないように、上の手順で設定しているiPhoneの［ほかの人の接続を許可］は必要なときだけ、オンに切り替え、使わなくなったときは、オフに切り替えるようにしましょう。

●まめ知識　インターネット共有のオン／オフは、コントロールセンターの詳細画面でも切り替えられます。

HINT　Wi-Fi（無線LAN）のパスワードを必ず設定しよう

テザリングでiPhoneにWi-Fi（無線LAN）で接続するのに必要なパスワード
は、初期設定ではランダムな文字列が設定されています。239ページを参
考に、使いやすいパスワードに変更することができます。一度、パソコンに
設定すれば、2回目以降は再入力の必要がないので、他人に見られる心配
のない自宅などで設定しておき、外出先ではiPhoneのパスワードの画面を
見られないように注意しましょう。

HINT　アクセスポイント名を変更しておこう

テザリング機能でのアクセスポイント名には、そのiPhoneの名前が設定さ
れます。iPhoneの名前は［設定］の画面の［一般］-［情報］にある［名前］
で確認と変更ができます。アクセスポイント名は周囲の人からも見えてしま
うので、自分の名前などの個人情報が含まれない名前になっているかを確
認しておきましょう。また、半角スペースや記号など、英数字以外が使われ
ていると、正しく接続できないことがあるので注意しましょう。

ワザ079を参考に、［設定］-
［一般］-［情報］の画面を表
示しておく

iPhoneの名前がアクセス
ポイントの名前となる

❶［名前］を**タップ**

❷好きな名前を**入力**

❸画面左上の［情報］を**タップ**

iPhoneの名前が設定される

HINT　テザリング中の通信量に注意しよう

テザリングでつないだパソコンやタブレットなどは、iPhoneのデータ通信
機能を使って、インターネットと接続します。パソコンのOSアップデートや
ゲーム機のダウンロードなどで、データ通信量が短時間で急速に増えてし
まうことがあるので、テザリングを利用するときは、契約しているデータ定
額プランの容量を超えないように注意しましょう。

1 基本
2 設定
3 電話
4 メール
5 ネット
6 アプリ
7 写真
8 便利
9 疑問

周辺機器と接続するには

iPhoneにはヘッドフォンやスピーカー、キーボードなど、さまざまなBluetooth機器を接続できます。接続するにはこの手順で解説する「ペアリング」と呼ばれる操作が必要になります。

Bluetooth機器の接続

1 [Bluetooth]の画面を表示する

ワザ016を参考に、[設定]の画面を表示しておく

[Bluetooth]を**タップ**

2 Bluetooth対応機器を選択する

❶ [Bluetooth]がオンになっていることを**確認**

❷接続するBluetooth対応の機器を**タップ**

機器によっては、iPhoneと接続するためのパスワード(パスキー)の入力が必要になる

Bluetooth対応の機器が使えるようになる

HINT Apple Watchは専用アプリからペアリングする

Apple Watchをペアリングするには、iPhone上の[Apple Watch]を利用します。他社製のウェアラブル機器もApp Storeから専用アプリをダウンロードしてペアリングすることがあります。

[ペアリングを開始]をタップして、ペアリングを行なう

●まめ知識　周辺機器を購入するときは、自分のiPhoneに対応しているかをよく確認してください。

第9章

iPhoneの疑問や
トラブルを解決しよう

パソコンでiTunesを使うには

iPhoneをパソコンと同期させるには、iTunesを使います。iTunesはMicrosoft Storeから無償でダウンロードできます。iTunesはiPhoneのデータのバックアップも可能です。なお、Macは同期するためのアプリを標準搭載しています。

第9章　iPhoneの疑問やトラブルを解決しよう

1 Microsoft Storeを開く

注意 2020年6月現在、iTunes 12.10.7.3で誌面を作成しています。ただし、今後、iTunesのアップデートにより、画面の構成などが変わる可能性があります

デスクトップを表示しておく　　　　　[Microsoft Store]を**クリック**

2 iTunesアプリを検索する

Microsoft Storeが表示された

❶検索バーに「iTunes」と**入力**

❷ [iTunes]を**クリック**

●まめ知識　2001年1月に登場した最初のiTunesは、Mac専用の音楽プレーヤーでした。

1 基本

2 設定

3 電話

4 メール

5 ネット

6 アプリ

7 写真

8 便利

9 疑問

3 iTunesアプリを入手する

iTunesアプリのインストール
画面が表示された

[入手]を**クリック**

4 iTunesを起動する

ダウンロードが完了した

[起動]を**クリック**

HINT MacにiPhoneを接続するには

Macではmacos Catalina（macOS 10.15）以降、iTunesが搭載されていません。バックアップや同期の操作は［Finder］、音楽は［ミュージック］、映画は［TV］など、他のアプリで管理します。これらのアプリは、いずれもmacOS Catalina以降に標準でインストールされています。

次のページに続く⟶

5 iTunesの使用許諾契約を確認する

iTunesが起動し、使用許諾
契約の画面が表示された

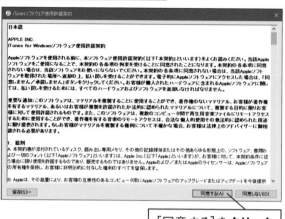

[同意する]を**クリック**

6 ライブラリ情報の送信に同意する

iTunesが
起動した

ライブラリの情報をもとにアルバムカバーなどを取得するかを
確認するメッセージが表示された

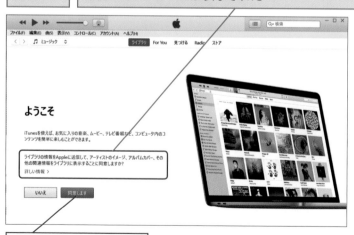

[同意します]を**クリック**

　●まめ知識　iPhoneではiOSを無料でアップデートできますが、iPod touchは有料の時期がありました。

ここをクリックすると、iTunesが
全画面で表示される

HINT iTunesを起動するには

Windowsでは iTunesをインストールすると、スタートメニューのアプリ一覧
に登録されます。スタートメニューを表示し、アプリ一覧で iTunesのアイコ
ンをクリックすると、iTunesを起動できます。iTunesをすばやく起動できる
ようにするには、スタートメニューの iTunesのアイコンを右クリックし、［ス
タートにピン留めする］を選びます。スタート画面に iTunesが登録され、す
ぐに起動できるようになります。

スタートメニューの一覧から
[iTunes]をクリックする

1 基本

2 設定

3 電話

4 メール

5 ネット

6 アプリ

7 写真

8 便利

9 疑問

メンテナンス

データをパソコンに バックアップするには

万が一のときに備え、iPhoneに保存されている連絡先やアプリ、音楽、写真などをバックアップしておきましょう。バックアップはパソコンのiTunesを使う方法とiCloudを使う方法が利用できます。

1 iPhoneをパソコンと接続する

❶iPhoneに同梱のケーブルを**接続**

❷パソコンに同梱のケーブルを**接続**

2 パソコンとの接続を確認する画面が表示された

[信頼]を**タップ**

HINT　バックアップは必要?

紛失や故障、水没などのトラブルに遭うと、iPhoneに保存されているデータはすべて失われてしまうので、バックアップは重要です。バックアップしておけば、修理完了後や再購入後、再びiPhoneに同じデータを復元して、ほぼ元の状態で使いはじめることができます。iCloudへのバックアップだけでなく、パソコンに接続して、iTunesにもバックアップしておくと万全です。

3　パソコンからiPhoneを管理できるようにする

iPhoneとの接続を確認する画面が表示されたら、[続ける]をクリックする

[iCloud for Windowsをインストールしますか?]という画面が表示されたときは、[後で通知]をクリックする

iPhoneでパスコードの入力画面が表示されたときは、ワザ080で設定したパスコードを入力する

パスコードを**入力**

4　iPhoneとパソコンの同期を開始する

iPhoneとパソコンをはじめて接続したときは、同期を設定する画面が表示される

❶[続ける]を**クリック**

バックアップの暗号化についての画面が表示されたときは、[暗号化しない]をクリックする

❷[開始]を**クリック**

iPhoneとパソコンの同期が開始される

1 基本
2 設定
3 電話
4 メール
5 ネット
6 アプリ
7 写真
8 便利
9 疑問

次のページに続く⟶

❶ [概要] をクリック

電話番号やソフトウェアのバージョン、容量などが表示される

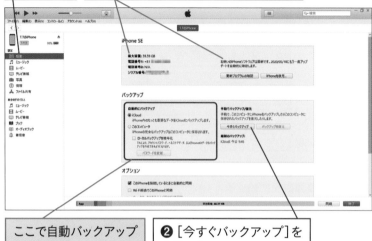

ここで自動バックアップ先を切り替えられる

❷ [今すぐバックアップ]をクリック

第9章 iPhoneの疑問やトラブルを解決しよう

HINT **アプリのパスワードもバックアップするには**

パソコンのiTunesを使ってバックアップするとき、以下のように [ローカルバックアップを暗号化] にチェックマークを付けておくと、アプリに設定したアカウントのパスワードやゲームのデータなども保存されます。復元するときにパスワードなどもいっしょに書き込まれるため、iPhoneに再設定しなくても使えるようになります。ただし、すべてのアプリのデータが保存され、復元されるわけではないので、注意しましょう。

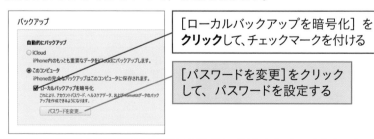

[ローカルバックアップを暗号化] をクリックして、チェックマークを付ける

[パスワードを変更]をクリックして、パスワードを設定する

●まめ知識 Apple Storeは全世界で500以上の店舗があり、日本には10の店舗があります。

HINT iPhoneの完全なバックアップはパソコンのみ

iPhoneのバックアップはパソコンのiTunesに接続したときだけでなく、iCloudにも保存できますが、パソコンで取り込んで転送した音楽やビデオはiCloudにバックアップされません。より完全なバックアップを保存するには、パソコンのiTunesを利用します。ほかの携帯電話会社のiPhoneから機種変更したときも同様の手順で、iTunesのバックアップから内容を復元することができます。

HINT iPhoneを取りはずすには

iPhoneをパソコンに接続すると、iTunesが起動し、自動的に同期が行なわれます。パソコンに接続したiPhoneをはずすときは、iTunesの画面に「同期作業が進行中」と表示されなくなり、同期が完了したことを確認し、手順5の画面の左上にあるiPhoneの名前の右にある ▲ をクリックします。画面左上に自分のiPhoneが表示されなくなったことを確認したら、同梱のケーブルを取りはずします。

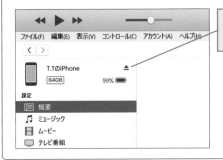

ここをタップすると、iPhoneを取りはずせる

HINT 同期を中断して、iPhoneを取りはずすには

iPhoneをパソコンに接続し、同期作業が進行中、電話がかかってきたりして、どうしてもiPhoneをはずす必要があるときは、iPhoneの名前の右にある ◌ （⊗）をクリックすることで、同期を中断できます。通話などの終了後、もう一度、パソコンと接続すれば、同期作業をやり直せます。

設定

iPhoneを初期状態に戻すには

iPhoneを譲渡したり、修理に出したり、売却するときは、iPhoneを初期状態に戻します。ワザ092を参考に、完全バックアップを取った後、保存されたデータや設定、個人情報などを一括で消去して、初期状態に戻しましょう。

第9章　iPhoneの疑問やトラブルを解決しよう

1 [リセット]の画面を表示する

下のHINTを参考に、[iPhoneを探す]をオフに設定しておく

ワザ079を参考に、[一般]の画面を表示しておく

❶[リセット]を**タップ**

❷[すべてのコンテンツと設定を消去]を**タップ**

2 初期化を実行する

iCloudバックアップの確認画面が表示されたときは、[バックアップしてから消去]をタップする

パスコードの入力画面が表示されたときは、ワザ080で設定したパスコードを入力する

❶[iPhoneを消去]を**タップ**

❷[iPhoneを消去]を**タップ**

iPhoneが初期化される

HINT　リセット前に必ず[iPhoneを探す]をオフにする

iPhoneを初期状態に戻すときは、[iPhoneを探す]がオフに設定されていることを確認しておきましょう。オンのままでは、iPhoneを消去しても再起動時にApple IDの入力を求められてしまうためです。[設定]の画面でユーザー名を選び、[探す]の画面を表示して、[iPhoneを探す]をオフに切り替えます。切り替えるときには、Apple IDのパスワードの入力が必要です。

094

iOS

以前のスマートフォンで移行の準備をするには

これまで使ってきたスマートフォンから新しいiPhoneに移行するときは、移行をはじめる前に、いくつか準備しておきたいことがあります。このほかにも電子マネーなど利用しているサービスがあれば、移行前の準備を確認しておきましょう。

連絡先や写真をバックアップしておく

●iPhoneの場合

iPhoneから移行するときは、ワザ092で説明したiTunes、ワザ019で説明したiCloudを使い、連絡先などをバックアップしておきます。写真もiTunesやiCloudでバックアップできますが、iCloudの残り容量が少ないときは、GoogleフォトやOneDriveなどにバックアップすることもできます。また、Apple Watchを利用しているときやApple Payを設定しているときは、次ページを参考に、iPhoneでの登録を削除します。

●Androidの場合

Androidスマートフォンから移行するときは、GmailやGoogleフォトなどを使い、新しいiPhoneにデータを引き継ぐことができます。連絡先はGmailと同期し、カレンダーは新しいiPhoneでGoogleカレンダーと同期するように設定します。写真はGoogleフォトやOneDriveにバックアップしておけば、iPhoneでも利用できます。おサイフケータイの電子マネーは、サービスごとに方法が違いますが、多くのサービスは各サービスのアプリ内で機種変更の手続きができます。

HINT 各携帯電話会社が提供するバックアップ用アプリやサービス

各携帯電話会社はiPhone向けとAndroidスマートフォン向けに、バックアップアプリを提供しています。これらを使って、新しいiPhoneにデータを引き継ぐことができます。それぞれのアプリの使い方などについては、各携帯電話会社のページで解説されているので、以下のQRコードを読み取り、確認してみましょう。

 NTTドコモ
データの移行

 au
データ移行・バックアップについて

 ソフトバンク
データの移行・バックアップ（保存）

次のページに続く⟶

1 基本
2 設定
3 電話
4 メール
5 ネット
6 アプリ
7 写真
8 便利
9 疑問

iPhoneから移行するときの流れ

STEP 1 Apple Watch のペアリングを解除

iPhoneとのペアリングを解除することで、Apple Watchの内容がiPhoneにバックアップされる。

STEP 2 Apple Pay のクレジットカードを削除

Suicaやクレジットカードを登録しているときは、削除する。削除してもSuicaの情報はクラウドサービスに保存されているので、残高を引き継いで、次のiPhoneで利用できる。クレジットカードは再登録をすれば、利用できる。

STEP 3 LINE の引き継ぎを設定

次ページを参考に、LINEのトーク内容などをバックアップして、次の機種で利用できるように、引き継ぎ設定をする。

STEP 4 ＋メッセージの引き継ぎを設定

256ページを参考に、＋メッセージのメッセージ内容などをバックアップして、次の機種で利用できるように、引き継ぎ設定をする。

STEP 5 連絡先やカレンダーをバックアップ

ワザ019を参考に、iCloudでバックアップする。もしくはワザ092を参考に、iTunesで同期して、iPhoneに保存された内容をバックアップする。

STEP 6 写真や動画をバックアップ

ワザ074を参考に、iCloudでバックアップする。もしくはワザ092を参考に、iTunesで同期してiPhoneに保存された内容をバックアップする。

STEP 7 データの復元

ワザ097を参考に、iCloud、もしくはiTunesからデータを復元する。

iTunesを使えば、STEP 5 〜 6のバックアップをまとめて行なうことができる

●まめ知識　AndroidスマートフォンからiPhoneへの移行方法は、ワザ029で解説しています。

第9章　iPhoneの疑問やトラブルを解決しよう

LINEの引き継ぎ

1 基本

2 設定

3 電話

4 メール

5 ネット

6 アプリ

7 写真

8 便利

9 疑問

STEP 1 メールアドレスの登録を確認

LINEの引き継ぎにはメールアドレスの登録が必要になるので、アカウントに登録しておく。

STEP 2 アカウント引き継ぎ設定をオンにする

アカウント引き継ぎ設定をオンに切り替えることで、24時間はほかのスマートフォンでアカウントの引き継ぎができるようになる。

STEP 3 トークの履歴をバックアップ

iPhoneでiCloud Driveをオンに切り替え、利用できるようにする。[トークのバックアップ]から[今すぐバックアップ]を選んでバックアップする。

STEP 4 新しい iPhone に LINE をインストール

新しいiPhoneが利用できるようになったら、[LINE]のアプリをインストールする。

STEP 5 新しい iPhone で LINE を使えるようにする

新しいiPhoneで[LINE]のアプリを起動し、メールアドレスとパスワードを入力する。SMSで送信される二段階認証の認証番号を入力する。

STEP 6 トーク履歴の復元

トーク履歴を復元するかどうかを確認する画面が表示されるので、[トーク履歴をバックアップから復元]を選んで、復元する。

以前のスマートフォンのLINEの[設定]の画面で設定を行なう

[アカウント引き継ぎ]から引き継ぎ操作を行なう

[トーク]からトークのバックアップ操作を行なう

＋メッセージの引き継ぎ

iPhoneの＋メッセージのデータは、アプリのバックアップ/復元機能を使い、引き継ぐことができます。Androidスマートフォンから移行するときは、253ページで説明した各携帯電話会社のツールを使います。

STEP 1 iCloud Drive をオンにする

＋メッセージのバックアップは、iCloud Driveを利用するので、ワザ019を参考にiCloudの画面を開き、[iCloud Drive]をオンにしておく。

STEP 2 iCloud Drive で＋メッセージをオンにする

STEP 1の画面で[iCloud Drive]をオンにしたとき、下の欄に[＋メッセージ]が表示されるので、オフになっている場合はオンにしておく。

STEP 3 メッセージをバックアップ

＋メッセージを起動し、右下の[マイページ]-[設定]-[メッセージ]-[バックアップ・復元]を表示する。右の手順のようにして、バックアップを開始する。

バックアップ先の選択画面が表示されたら、[iCloud Drive]をタップする

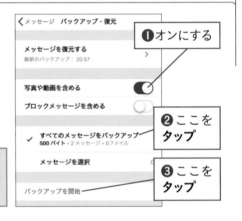

❶オンにする

❷ここをタップ

❸ここをタップ

STEP 4 新しい iPhone で iCloud Drive をオンにする

新しいiPhoneが利用できるようになったら、STEP 1と同様、新しいiPhoneでもiCloud Driveをオンにしておく。

STEP 5 新しい iPhone に＋メッセージをインストールする

[＋メッセージ]のアプリをインストールし、ワザ040を参考に初期設定を進める。

STEP 6 新しい iPhone にメッセージを復元する

初期設定を終えると[バックアップデータの復元]の画面が表示されるので、[復元]をタップ。復元したいiCloud Driveのデータを選択し、[復元を開始]をタップする。

●まめ知識　MNPで乗り換える場合、アプリの設定で[ユーザー情報の引き継ぎ]を行なう必要があります。

095

📱
iOS

iPhoneの初期設定をするには

iPhoneをはじめて起動したときや初期状態に戻した後は、初期設定が必要になります。初期設定にはWi-Fi（無線LAN）によるインターネット接続か、iTunesがインストールされたパソコンが必要です。

1 基本
2 設定
3 電話
4 メール
5 ネット
6 アプリ
7 写真
8 便利
9 疑問

1 言語の設定画面を表示する

iPhoneに各携帯電話会社の
SIMカードを装着しておく

❶サイドボタンを**長押し**して、
iPhoneの電源を入れる

こんにちは

ホームを押して開く ⓘ

❷ホームボタンを**押す**

2 言語を設定する

[日本語]を**タップ**

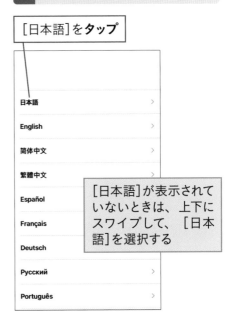

日本語	>
English	>
简体中文	>
繁體中文	>
Español	
Français	
Deutsch	
Русский	>
Português	>

[日本語]が表示されて
いないときは、上下に
スワイプして、[日本
語]を選択する

HINT どんなときに初期設定をするの？

iPhoneの初期設定の画面は、iPhoneの電源をはじめて入れたときに表示されるもので、iPhoneを使うための基本的な設定をします。電源を入れ直したときなどには表示されません。また、iPhoneを初期状態に戻した後も購入直後と同じ状態になるので、初期設定の画面が表示されます。

次のページに続く──→

3 地域を設定する

[日本]を**タップ**

‹ 戻る

🌐

国または地域を選択

日本 ›

その他の国と地域

アイスランド ›

アイルランド ›

アゼルバイジャン ›

アセンション島 ›

4 手動設定を選択する

以前のiPhoneから移行するときは、ワザ096を参考に、クイックスタートを利用して、初期設定ができる

ここではクイックスタートを利用しない

[手動で設定]を**タップ**

HINT Wi-Fi（無線LAN）やパソコンに接続できないときは

iPhoneの初期設定をするとき、周囲にWi-Fiネットワークがなかったり、パソコンと接続できないときは、手順6の画面で［モバイルデータ通信回線を使用］をタップすれば、初期設定の手順を進められます。各携帯電話会社の電波の届くエリアでしか利用できないので、ステータスバーのアイコンで電波状態を確認し、電波の届く場所で手順を進めましょう。また、iCloudでバックアップした内容を復元するとき、モバイルデータ通信回線を利用すると、データ通信量（パケット通信量）が増え、料金プランで選んだ月々のデータ通信量の上限に達してしまうこともあるので、注意しましょう。

5 文字入力および音声入力の言語を確認する

[続ける]を**タップ**

6 Wi-Fi（無線LAN）のアクセスポイントを選択する

利用するアクセスポイントを**タップ**

7 Wi-Fi（無線LAN）に接続する

❶パスワード（暗号化キー）を**入力**

❷［接続］を**タップ**

再び［Wi-Fiネットワークを選択］画面が表示されたときは、［次へ］をタップする

8 [データとプライバシー]の画面が表示された

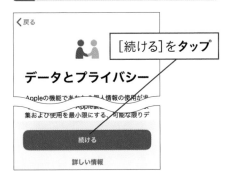

[続ける]を**タップ**

9 Touch IDの設定画面が表示された

ここでは設定せずに操作を進める

❶［Touch IDをあとで設定］を**タップ**

❷［使用しない］を**タップ**

次のページに続く ⟶

1 基本

2 設定

3 電話

4 メール

5 ネット

6 アプリ

7 写真

8 便利

9 疑問

10 パスコードの設定画面が表示された

ここでは設定せずに操作を進める

❶ [パスコードオプション] を**タップ**

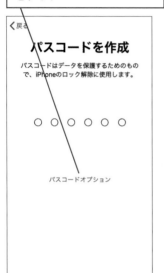

❷ [パスコードを使用しない] を**タップ**

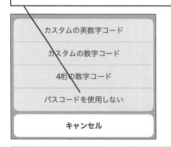

パスコードの設定はワザ080、Touch IDの設定はワザ081を参照する

11 パスコードの設定に関する確認画面が表示された

[パスコードを使用しない]を**タップ**

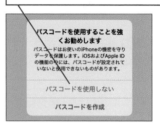

12 iPhoneの設定方法を選択する

ここでは新しいiPhoneとして設定する

[Appとデータを転送しない] を**タップ**

バックアップから復元するときはワザ097を参考に、操作を続ける

13 Apple IDの登録画面が表示された

ここでは設定せずに操作を進める

❶ [パスワードをお忘れかApple ID をお持ちでない場合]を**タップ**

❷ [あとで"設定"でセットアップ] を**タップ**

Apple IDの設定はワザ018を参照する

14 Apple IDの設定に関する確認画面が表示された

[使用しない]を**タップ**

15 利用規約に同意する

❶画面を下に**スクロール**し、利用規約の内容を**確認**

❷ [同意する]を**タップ**

次のページに続く——→

1 基本

2 設定

3 電話

4 メール

5 ネット

6 アプリ

7 写真

8 便利

9 疑問

16 エクスプレス設定を確認する

位置情報サービスとiPhoneの
使用状況の設定に関する画面
が表示された

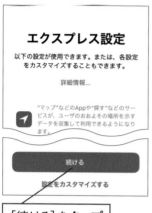

[続ける]を**タップ**

17 自動アップデートを設定する

[iPhoneを常に最新の状態に]の
画面が表示された

ここでは自動でアップデート
されるように設定する

[続ける]を**タップ**

18 iMessageとFaceTimeについて設定する

[iMessageとFaceTime]の画面
が表示された

ここではiMessageとFaceTimeで、
電話番号とメールアドレスを使用
できるようにする

[続ける]を**タップ**

19 Siriを設定する

ここではSiriを使えるようにする

[続ける]を**タップ**

●まめ知識　Siriに話した内容はアップルのサーバーに送信され、分析の結果、回答が表示されます。

20 Hey Siriの設定画面が表示された

ここでは設定せずに操作を進める

< 戻る　　　　1/5

iPhoneに向かって、"Hey Siri"と言ってください

["Hey Siri"をあとで設定] を**タップ**

"Hey Siri"をあとで設定

Hey Siriの設定はワザ085を参照する

21 Siriおよび音声入力の改善が表示された

< 戻る

Siriおよび音声入力の改善

Siriおよび音声入力に対する操作の音声をこのiPhoneおよびこのiPhoneで設定されたすべてのApple WatchまたはHomePodからオーディオ収録したものを、Appleが保存することを許可することで、Siriと音声入力の改善にご協力いただけます。Appleは、保存されたオーディオのサンプルをレビューする場合があります。これ...

[オーディオ録音を共有] を**タップ**

このデータはお...
られず、限られ...

オーディオ録音を共有

今はしない

HINT スクリーンタイムで何ができるの?

手順22の画面「スクリーンタイム」は、iPhoneを操作している時間の情報を確認したり、制限できる機能です。iPhoneを使わない時間を設定したり、どのアプリをどれくらい使ったのかを確認することもできます。

22 スクリーンタイムの設定を確認する

[スクリーンタイム] の画面が表示された

ここでは設定せずに操作を進める

スクリーンタイム

画面を見ている時間についての週間レポートを見て、管理対象にするAppの制限時間を設定できます。お子様のデバイスでスクリーンタイムを使用してペアレンタルコントロールを設定することもできます。

続ける

あとで"設定"でセットアップ

[あとで"設定"でセットアップ] を**タップ**

1 基本
2 設定
3 電話
4 メール
5 ネット
6 アプリ
7 写真
8 便利
9 疑問

次のページに続く→

23 アプリの動作情報送付に関する画面が表示された

[Appデベロッパと共有]を**タップ**

24 True Toneディスプレイに関する画面が表示された

ここでは変更せずに操作を進める

[続ける]を**タップ**

25 外観モードに関する画面が表示された

ここでは変更せずに操作を進める

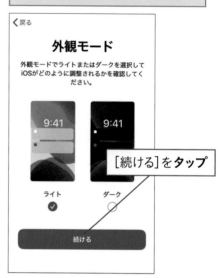

[続ける]を**タップ**

26 ホームボタンの設定画面が表示された

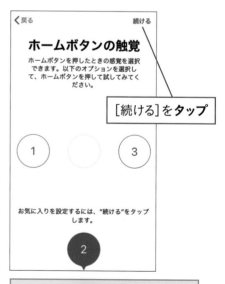

[続ける]を**タップ**

ホームボタンの設定はワザ079を参照する

27 拡大表示に関する画面が表示された

ここでは標準のままで操作を進める

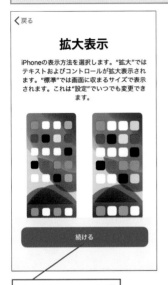

[続ける]を**タップ**

28 初期設定を終了する

ようこそiPhoneへ

さあ、はじめよう!

[さあ、はじめよう!]を**タップ**

ホーム画面が表示される

1 基本

2 設定

3 電話

4 メール

5 ネット

6 アプリ

7 写真

8 便利

9 疑問

HINT 「iPhoneの設定を完了する」と表示されたときは

iPhoneの初期設定の完了後、[設定]の画面を表示すると、右図のように、[iPhoneの設定を完了する]という項目に数字のバッジが表示されることがあります。これはApple IDやSiriなどの設定が完了していないためです。[設定]の画面で[iPhoneの設定を完了する]-[設定を完了してください]の順にタップし、それぞれの項目について、設定すれば、バッジは表示されなくなります。

残りの設定があることを示すバッジが表示されている

以前のiPhoneから 簡単に移行するには

以前のiPhoneから新しいiPhoneに機種変更したときは、今まで使ってきたiPhoneの内容を簡単に引き継いで、新しいiPhoneで使うことができます。「クイックスタート」という機能を使うと、各種データや設定を簡単にコピーできます。

第9章 iPhoneの疑問やトラブルを解決しよう

1 新しいiPhoneでクイック スタートの準備をする

ワザ093を参考に、新しいiPhoneを初期状態に戻しておく

ワザ098を参考に、以前のiPhoneを最新のiOSにアップデートしておく

ワザ019、092を参考に、以前のiPhoneでデータをバックアップしておく

ワザ095を参考に、操作を進め、［クイックスタート］の画面を表示しておく

以前のiPhoneを新しいiPhoneに近づける

2 以前のiPhoneで設定を続ける

以前のiPhoneで、［新しいiPhoneを設定］の画面が表示された

以前のiPhoneのバックアップに使用しているApple IDが表示された

［続ける］を**タップ**

新しいiPhoneにアニメーションが
表示された

以前のiPhoneのカメラを新しい
iPhoneのアニメーションに**向ける**

新しいiPhoneで、パスコードの入
力画面が表示されたら、以前の
iPhoneのパスコードを入力する

新しいiPhoneで、Touch ID
の設定画面が表示されたら、
設定せずに操作を進める

データ転送の確認画面が
表示された

[iPhoneから転送]を**タップ**

データ転送が終わるまで
しばらく待つ

ワザ095を参考に、操作を進め、
初期設定を完了する

1 基本

2 設定

3 電話

4 メール

5 ネット

6 アプリ

7 写真

8 便利

9 疑問

HINT クイックスタートでは何が引き継がれるの？

クイックスタートで新しいiPhoneを設定すると、以前のiPhoneに設定され
ていた言語や地域、Wi-Fiネットワーク、キーボード、Siriへの話しかけ方
などの情報が引き継がれます。クイックスタートを使わずに、ワザ097を参
考に、iTunesのバックアップから復元することもできます。

初期設定と移行

以前のiPhoneの
バックアップから移行するには

ワザ096のクイックスタートを使わないときは、今まで使ってきたiPhoneの内容をバックアップして、引き継ぐことができます。バックアップからの復元には、パソコンのiTunesから復元する方法とiCloudから復元する方法があります。

パソコンのバックアップからの復元

ワザ019、092を参考に、以前のiPhoneのデータをバックアップしておく

ワザ092を参考に、以前のiPhoneから新しいiPhoneとパソコンを接続しておく

❶ここをクリックして、復元するバックアップを**選択**

❷［続ける］を**クリック**

復元が完了するまで、しばらく待つ

HINT 携帯電話から機種変更するときに注意することは

従来型の携帯電話などからiPhoneに機種変更するときは、注意が必要です。従来型携帯電話向けに提供されているサービスには、iPhoneで利用できないものがあるため、これらを解約します。ソーシャルゲームなどもiPhoneで利用できないものがあります。また、電話帳は引き継ぐことができますが、携帯電話で撮影した写真や動画などは、一度、パソコンに取り込んだうえで、iPhoneにコピーする必要があります。おサイフケータイで利用していた「モバイルSuica」などは、Apple Payに登録することで、利用できるようになります。

●まめ知識　iCloudからの復元でもiTunes Storeで購入した音楽やビデオはiPhoneに復元されます。

iCloudのバックアップからの復元

1 [iCloud]のサインイン画面を表示する

ワザ093を参考に、新しいiPhoneを初期状態に戻しておく

ワザ095を参考に、操作を進め、[Appとデータ]の画面を表示しておく

[iCloudバックアップから復元]を**タップ**

2 Apple IDを入力する

古いiPhoneで使っていたApple IDでサインインする

❶Apple IDを入力	❷[次へ]をタップ

HINT iCloudバックアップの復元は制限がある

iCloudのバックアップは、パソコンで音楽CDから取り込んだ楽曲などが復元されません。パソコンのiTunesに接続して、転送し直しましょう。

HINT 初期化したiPhoneを使いはじめるには

iPhoneを初期化した直後などに、パソコンのiTunesと接続すると、既存のバックアップから復元する以外に、[新しいiPhoneとして設定]という項目が選べます。これを選択すると、iPhoneを初期状態から使いはじめることができます。メールなどのデータを復元せずに、新たにiPhoneを使いはじめたいときは、[新しいiPhoneとして設定]を選びましょう。

次のページに続く⟶

1 基本
2 設定
3 電話
4 メール
5 ネット
6 アプリ
7 写真
8 便利
9 疑問

3 パスワードを入力して
サインインする

❶パスワードを**入力**

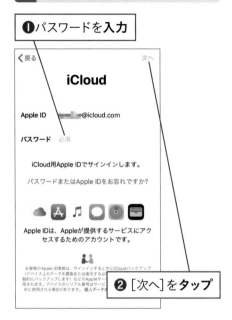

❷[次へ]を**タップ**

4 利用規約に同意する

❶画面を下にスクロールし、
利用規約を**確認**

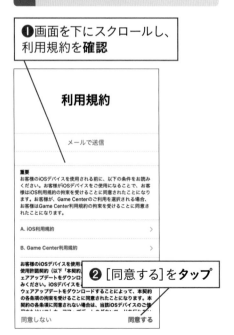

❷[同意する]を**タップ**

5 バックアップを選択する

復元するバックアップを**タップ**

ワザ095を参考に、操作を
進め、初期設定を完了する

6 復元完了を待つ

復元が開始されるので、完了
するまで、しばらく待つ

098 アップデート

設定

iPhoneをアップデートするには

iPhoneに搭載されている基本ソフト「iOS」は、発売後も新機能の追加や不具合の修正などで、アップデート（更新）されます。自動アップデートの機能が有効か、iOSが最新のものに更新されているかを確認しましょう。

1 基本
2 設定
3 電話
4 メール
5 ネット
6 アプリ
7 写真
8 便利
9 疑問

1 [ソフトウェア・アップデート]の
画面を表示する

iPhoneを電源か、パソコンに同梱
のケーブルなどで接続しておく

ワザ016を参考に、Wi-Fi（無線
LAN）に接続しておく

ワザ079を参考に、[一般]の
画面を表示しておく

[ソフトウェア・アップ
デート]を**タップ**

2 アップデートの状況を確認する

[自動アップデート]が「オン」に
なっていることを**確認**

「オフ」と表示されているとき
は、タップしてオンにしておく

[ダウンロードとインストール]、ま
たは[今すぐインストール]と表示
されているときは、タップすると
手動でアップデートを実行できる

HINT 自動アップデートが実行されないときは

iOSの自動アップデートは実行前に通知が表示され、夜間に自動的に実行されるため、日中はiOSが自動的に更新されないことがあります。また、自動アップデートはiPhoneが充電器に接続され、Wi-Fiで接続されているときに実行されます。それ以外のときは手動でアップデートを実行します。

トラブル解決

iPhoneが
動かなくなってしまったら

iPhoneで特定のアプリが起動せずにホーム画面が表示されたり、画面をタップしても反応がないなど、iPhoneが正常に動作しないときは、再起動（リスタート）させると、正常な状態に戻ることがあります。

第9章　iPhoneの疑問やトラブルを解決しよう

❶サイドボタンを**押し続ける**

［スライドで電源オフ］と表示される

❷スライダを右にドラッグする

30秒ほど待つと、電源が切れる

❸アップルのマークが表示されるまで、サイドボタンを**押し続ける**

アップルのマークが表示された後にiPhoneが再起動する

HINT　iPhoneが不調のときは

特定のアプリが操作できないときは、28ページのHINTを参考に、アプリの強制終了をします。

HINT　iPhoneが壊れたときはどうしたらいいの？

iPhoneを壊してしまったり、正常に動作しなくなったときは、アップルのサポート窓口や各携帯電話会社のiPhone向け問い合わせ窓口に相談してみましょう。各携帯電話会社の系列店は基本的に修理を受け付けていませんが、一部の直営店などでは受け付けているので、問い合わせてみましょう。iPhoneを修理するときは、代替機が用意されませんが、各携帯電話会社の補償サービスを契約していると、すぐに交換用のiPhoneを送ってもらえることがあります。

トラブル解決

設定

iPhoneを紛失してしまったら

iPhoneを紛失したときは、iCloudの [iPhoneを探す] で探すことができます。
iPhoneのiCloudの設定で、[iPhoneを探す] がオンになっていれば、パソコン
のブラウザでiCloudのWebページで探すことができます。

［iPhoneを探す］の設定の確認

1 [iPhoneを探す]の画面を表示する

ワザ019を参考に、[iCloud]の画面を表示しておく

❶ [探す]を**タップ**

❷ [iPhoneを探す]を**タップ**

2 [iPhoneを探す]の設定を確認する

[iPhoneを探す] のここをタップすると、オン/オフを切り替えられる

[最後の位置情報を送信]のここをタップして、オンにすると、バッテリー残量が少ないときに位置情報が送信される

HINT **iPhoneの紛失に備えよう**

iPhoneを紛失したり、盗まれたとき、第三者に不正に使われないように、ワザ080のパスコードやワザ081のTouch IDを設定しておきましょう。また、ワザ092を参考に、バックアップを取っておくと、新しいiPhoneに買い換えたときもすぐに以前のデータを復元できるので、安心です。

1 基本

2 設定

3 電話

4 メール

5 ネット

6 アプリ

7 写真

8 便利

9 疑問

次のページに続く→

パソコンを利用したiPhoneの検索

1 iCloudのWebページを表示する

前ページの手順を参考に、iPhoneの
[iPhoneを探す]をオンにしておく

❶Webブラウザで「https://www.
icloud.com/」を**表示**

❷Apple IDを**入力**　**❸**Enter キーを**押す**

❹パスワードを**入力**　**❺**Enter キーを**押す**

2 iPhoneの位置検索を開始する

[2ファクタ認証]の画面が
表示された

注意 iOS 14以降ではiPhoneで [許可する] を
タップし、認証コードを入力してください。ロ
グイン後、 [iPhoneを探す]をクリックします

[iPhoneを探す]を**クリック**

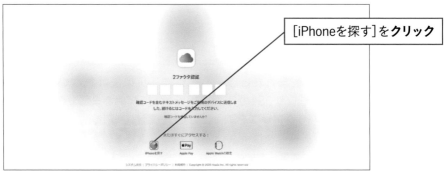

●まめ知識 iCloudでは、iPadやMac、Apple Watchの位置を検索することもできます。

iPhoneの電源が入っていて、圏外でなければ、地図上に表示される

緑色のアイコンをクリックして、①をクリックすると、遠隔操作の画面が表示される

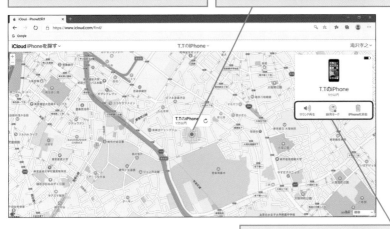

ここからiPhoneの遠隔操作ができる

1 基本

2 設定

3 電話

4 メール

5 ネット

6 アプリ

7 写真

8 便利

9 疑問

HINT 遠隔操作でiPhoneのデータを消去できる

iPhoneにはさまざまなデータが保存されています。もし、iPhoneを紛失したり、盗まれたりしたときは、このワザで解説したように、iCloudから探すことができます。手順3のように、①をクリックして、「サウンド再生」や「紛失モード」の操作ができます。万が一の場合、保存されているデータの悪用を防ぐため、遠隔操作でiPhoneのデータを消去する「iPhoneを消去」も実行できます。ただし、これらの機能はiPhoneの位置情報サービスがオフになっていると、利用できません。また、iPhoneの電源がオフになっているときは、サウンド再生や紛失モードなどもすぐに実行されず、次回、iPhoneの電源がオンになったときに実行されます。

トラブル解決

Apple IDのパスワードを忘れたときは

Apple IDのパスワードがわからなくなったときは、このワザの手順で、パスワードの再設定ができます。2ファクタ認証（ワザ082）を設定していない場合、Apple IDに登録したメールアドレスか、セキュリティ質問が必要になります。

1 Apple IDの画面を表示する

ワザ016を参考に、［設定］の画面を表示しておく

❶画面を下に**スクロール**

❷［iTunes StoreとApp Store］を**タップ**

❸［Apple ID］を**タップ**

2 パスワード再設定の画面を表示する

［iForgot］を**タップ**

3 パスコードを入力する

［iPhoneのパスコードを入力］の画面が表示された

パスコードを**入力**

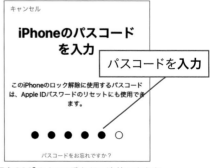

●まめ知識　サイドボタンと音量ボタンを長押しし、［緊急SOS］から110番などに連絡できます。

4 新しいパスワードを入力する

[新しいApple IDパスワード] の
画面が表示された

❶新しいパスワード
を**入力**

❷[次へ]を
タップ

5 新しいパスワードが設定された

パスワードが変更できた

[完了]を**タップ**

注意 2020年11月現在、操作手順
が変わっています

1 基本

2 設定

3 電話

4 メール

5 ネット

6 アプリ

7 写真

8 便利

9 疑問

HINT　信頼できる電話番号を登録しておこう

パスワードを忘れたときのために、Apple IDに信頼できる電話番号を登録
しておくと便利です。ブラウザーで「Apple IDを管理」(https://appleid.
apple.com/) というWebページを表示して、Apple IDとパスワードを入力し、
セキュリティ質問に答えて、サインインします。[セキュリティ]を選び、[信
頼できる電話番号を追加]をタップし、自分の携帯電話番号や自宅の電話
番号を入力します。携帯電話の場合はSMSで確認コードが送られ、固定
電話の場合は電話がかかってきて、自動音声で確認コードが伝えられます。
iPhoneの画面に確認コードを入力して、[確認]をタップします。「Apple
IDを管理」のWebページはパソコンでも表示でき、Apple IDのパスワードの
再設定や登録内容の変更、プライバシー設定の編集などができます。

102

設定

本体の空き容量を確認するには

iPhone SEはアプリや写真、映像などを保存する本体の容量として、64GB、128GB、256GBの3つのモデルがラインアップされています。自分のiPhoneの空き容量がどれくらいなのかを確認する方法について、説明します。

第9章　iPhoneの疑問やトラブルを解決しよう

1 [iPhoneストレージ]の画面を表示する

ワザ079を参考に、[一般]の画面を表示しておく

[iPhoneストレージ]を**タップ**

2 iPhoneの空き容量を確認する

[iPhoneストレージ]の画面が表示され、iPhoneの容量の使用状況が表示された

ここでアプリとデータの使用状況が確認できる

ここをタップして、[Appを削除]をタップすると、アプリとデータが削除される

HINT 空き容量が足りないときは

本体の空き容量が少なくなると、アプリをインストールできなくなったり、iOSのアップデートができなくなります。空き容量が残り少ないときは、不要なアプリや写真、ビデオなどを削除しましょう。

HINT iCloudの容量を確認するには

iCloudにはiPhoneのバックアップや写真などに加え、同じApple IDを登録したiPadやMacなどのデータも保存されています。iCloudの残り容量は、以下のように、［設定］の［iCloud］の画面で確認できます。また、以下のように操作すると、iCloudの容量を追加できます。

> ワザ019を参考に、［iCloud］の画面を表示しておく

> iCloudの残り容量が表示されている

> 容量のプランが一覧で表示されるので、選択して購入する

❶［ストレージを管理］を**タップ**

❷［ストレージプランを変更］を**タップ**

1 基本

2 設定

3 電話

4 メール

5 ネット

6 アプリ

7 写真

8 便利

9 疑問

毎月のデータ通信量を 確認するには

iPhoneは各携帯電話会社やMVNO各社と契約した料金プランによって、利用できるデータ通信量が決まっています。毎月のデータ通信量がどれくらいなのか、今月はどれくらい使ったのかを確認してみましょう。

第9章 iPhoneの疑問やトラブルを解決しよう

NTTドコモのデータ通信量の確認

NTTドコモでは「My docomo」で当月分と3日間のデータ通信量を確認できます。［Safari］のブックマークから［My docomo（お客様サポート）］にアクセスし、［データ量］を選ぶと、その月分の利用データ量と3日間のデータ利用量が確認できます。「My docomo」はアプリも提供されていて、App Storeからダウンロードして利用できます。

「My docomo」のWebページまたはアプリで確認する

HINT サポートページはブックマークからアクセスできる

NTTドコモ、au、ソフトバンクの回線を利用しているiPhoneでは、各社のサポートページが［Safari］のブックマークに登録されているので、簡単にアクセスできます。サポートページはWi-Fiをオフにした状態で接続したほうが各社のアカウント認証がスムーズになります。

契約した回線に応じたブックマークが表示される

auのデータ通信量の確認

auでは「My au」で今月利用したデータ通信量を確認できます。［Safari］を起動し、ブックマークから［auサポート］を選んで、表示します。表示された画面で左上のメニューから［My au］-［My au］の順にタップします。［スマートフォン・携帯電話］を選ぶと、［現在の残データ容量］に今月のデータ通信の残量が表示されます。「My au」はアプリも提供されていて、App Storeからダウンロードして利用できます。

「My au」のWebページまたはアプリで確認する

ソフトバンクのデータ通信量の確認

ソフトバンクでは「My SoftBank」で今月利用したデータ通信量を確認できます。［Safari］を起動し、ブックマークから［My SoftBank］を選び、表示します。「My SoftBank」にログインして、右上のメニューをタップします。表示されたメニューから［使用量の管理］をタップすると、［データ通信量］が表示されます。「My SoftBank」はアプリも提供されています。

「My SoftBank」のWebページまたはアプリで確認する

1 基本

2 設定

3 電話

4 メール

5 ネット

6 アプリ

7 写真

8 便利

9 疑問

104

設定

データ通信量を節約するには

契約しているデータ通信量の残りが少ないときは、iPhoneの［省データモード］を有効にすると、データ通信量を節約できます。音楽や映像サービスの品質は少し抑えられ、バックグラウンドでの通信も制限されます。

第9章 iPhoneの疑問やトラブルを解決しよう

1 ［通信のオプション］の画面を表示する

ワザ016を参考に、［設定］の画面を表示しておく

❶ ［モバイル通信］を**タップ**

設定

滝沢孝之
Apple ID、iCloud、iTunes StoreとApp S...

✈ 機内モード
🛜 Wi-Fi　Dekiru_net
🅱 Bluetooth　オン
🔘 モバイル通信
🔄 インターネット共有　オフ

［モバイル通信］の画面が表示された

❷ ［通信のオプション］を**タップ**

モバイル通信

モバイルデータ通信

通信のオプション　ローミングオフ
インターネット共有　オフ

モバイルデータ通信をオフにして、メール、Webブラウズ、プッシュ通知などのすべてのデータをWi-Fiに制限します。

ドコモ

ほかのデバイスでの通話　近くにあるとき
モバイル通信プラン

2 ［省データモード］を設定する

通信のオプション設定の画面が表示された

［省データモード］のここを**タップ**して、オンに設定

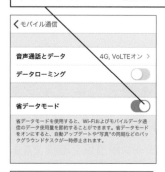

モバイル通信

音声通話とデータ　4G, VoLTEオン
データローミング

省データモード

省データモードを使用すると、Wi-Fiおよびモバイルデータ通信のデータ使用量を節約することができます。省データモードをオンにすると、自動アップデートや"写真"の同期などのバックグラウンドタスクが一時停止されます。

各アプリの自動通信を減らすように設定される

HINT　アプリごとのデータ通信量を確認するには

どのアプリがどれくらいデータ通信量を消費しているのかは、手順1の［モバイル通信］の画面をスクロールすると、確認できます。これを参考に、データ通信量の多いアプリの利用を控えるのも手です。

🔍 索引

索引

■著者
法林岳之（ほうりん たかゆき）
1963年神奈川県出身。パソコンのビギナー向け解説記事からハードウェアのレビューまで、幅広いジャンルを手がけるフリーランスライター。『ケータイ Watch』（Impress Watch）などのWeb媒体で連載するほか、Impress Watch Videoでは動画コンテンツ『法林岳之のケータイしようぜ!!』も配信中。主な著書に『できるWindows 10』（共著、インプレス）などがある。
URL：http://www.hourin.com/takayuki/

清水理史（しみず まさし）
1971年東京都出身。雑誌やWeb媒体を中心にOSやネットワーク、サーバー関連の記事を数多く執筆するフリーライター。『INTERNET Watch』にて、ネットワーク関連の話題を扱う『イニシャルB』を連載中。主な著書に『できるWindows 10』（共著、インプレス）などがある。

橋本 保（はしもと たもつ）
1967年東京都出身。情報誌やWeb媒体などでケータイなどの記事を執筆するフリーライター。気が向いたときにブログ「はしもとたもつのケータイロバの耳」（http://keitai-robanomimi.blogspot.jp）を更新中。

白根雅彦（しらね まさひこ）
1976年東京都出身。Impress WatchのWeb媒体『ケータイ Watch』の編集スタッフを経て、フリーライターとして独立。雑誌や『ケータイ Watch』などのWeb媒体で、製品レビューから海外イベント取材まで、幅広く記事を執筆する。主な得意ジャンルは携帯電話やスマートフォン。

■できるシリーズの主な著書
『できるfit ドコモのiPhone 11/Pro/Pro Max 基本＋活用ワザ』
『できるfit auのiPhone 11/Pro/Pro Max 基本＋活用ワザ』
『できるfit ソフトバンクのiPhone 11/Pro/Pro Max 基本＋活用ワザ』
『できるfit ドコモのiPhone XS/XS Max/XR 基本＋活用ワザ』
『できるfit auのiPhone XS/XS Max/XR 基本＋活用ワザ』
『できるfit ソフトバンクのiPhone XS/XS Max/XR 基本＋活用ワザ』
『できるポケット iPhone X 基本＆活用ワザ100 ドコモ/au/ソフトバンク完全対応』
『できるポケット ドコモのiPhone 8/8 Plus 基本＆活用ワザ 100』
『できるポケット auのiPhone 8/8 Plus 基本＆活用ワザ 100』
『できるポケット ソフトバンクのiPhone 8/8 Plus 基本＆活用ワザ 100』

STAFF

カバーデザイン	伊藤忠インタラクティブ株式会社
本文フォーマット	株式会社ドリームデザイン
カバー／本文撮影	加藤丈博
本文イラスト	町田有美・松原ふみこ
素材提供	Apple Japan
DTP制作／編集協力	株式会社トップスタジオ
デザイン制作室	今津幸弘 <imazu@impress.co.jp>
	鈴木　薫 <suzu-kao@impress.co.jp>
編集	今村享嗣 <imamura@impress.co.jp>
	瀧坂　亮 <takisaka@impress.co.jp>
編集長	柳沼俊宏 <yaginuma@impress.co.jp>

■商品に関する問い合わせ先
インプレスブックスのお問い合わせフォームより入力してください。
https://book.impress.co.jp/info/
上記フォームがご利用頂けない場合のメールでの問い合わせ先
info@impress.co.jp
● 本書の内容に関するご質問は、お問い合わせフォーム、メールまたは封書にて書名・ISBN・お名前・電話
番号と該当するページや具体的な質問内容、お使いの動作環境などを明記のうえ、お問い合わせください。
● 電話や FAX 等でのご質問には対応しておりません。なお、本書の範囲を超える質問に関しましてはお答
えできませんのでご了承ください。
● インプレスブックス（https://book.impress.co.jp/）では、本書を含めインプレスの出版物に関するサポー
ト情報などを提供しておりますのでそちらもご覧ください。
● 該当書籍の奥付に記載されている初版発行日から 3 年が経過した場合、もしくは該当書籍で紹介している製
品やサービスについて提供会社によるサポートが終了した場合は、ご質問にお答えしかねる場合があります。

■落丁・乱丁本などの問い合わせ先
TEL 03-6837-5016
FAX 03-6837-5023
service@impress.co.jp
（受付時間／ 10:00-12:00、13:00-17:30 土日、祝祭日を除く）
● 古書店で購入されたものについてはお取り替えできません。

■書店／販売店の窓口
株式会社インプレス 受注センター
TEL 048-449-8040
FAX 048-449-8041
株式会社インプレス 出版営業部
TEL 03-6837-4635

できる fit

iPhone SE 第2世代 基本 + 活用ワザ
ドコモ/au/ソフトバンク完全対応

2020年7月1日　初版発行
2021年5月21日　第1版第3刷発行

著　者　法林岳之・橋本 保・清水理史・白根雅彦 & できるシリーズ編集部

発行人　小川 亨

編集人　高橋隆志

発行所　株式会社インプレス
　　　　〒101-0051　東京都千代田区神田神保町一丁目105番地
　　　　ホームページ　https://book.impress.co.jp/

印刷所　株式会社廣済堂
ISBN978-4-295-00900-9 C3055

Printed in Japan